分子生物学实验指导

主　编　林燕　刘健
副主编　张弦　陈娟　黄萌

U0295636

合肥工业大学出版社

图书在版编目(CIP)数据

分子生物学实验指导/林燕,刘健主编 . --合肥:合肥工业大学出版社,
2024.12. — ISBN 978 - 7 - 5650 - 7034 - 1

Ⅰ. Q7 - 33

中国国家版本馆 CIP 数据核字第 2024TJ3528 号

分子生物学实验指导

	林 燕　刘 健　主编		责任编辑　张择瑞		
出　版	合肥工业大学出版社	版　次	2024 年 12 月第 1 版		
地　址	合肥市屯溪路 193 号	印　次	2024 年 12 月第 1 次印刷		
邮　编	230009	开　本	710 毫米×1010 毫米　1/16		
电　话	理工图书出版中心:0551 - 62903204	印　张	8.75		
	营销与储运管理中心:0551 - 62903198	字　数	167 千字		
网　址	press. hfut. edu. cn	印　刷	安徽联众印刷有限公司		
E-mail	hfutpress@163. com	发　行	全国新华书店		

ISBN 978 - 7 - 5650 - 7034 - 1　　　　　　　　　　定价：28.00 元

如果有影响阅读的印装质量问题,请与出版社营销与储运管理中心联系调换。

前　言

在生命科学这个浩瀚的领域中，分子生物学以其独特的魅力和深远的影响力，为我们揭示了生物体内部最精细、最复杂的运作机制。从基因的复制、转录到翻译，从蛋白质的合成、修饰到功能实现，每一个生命过程的背后，都蕴含着分子生物学原理的深刻内涵。为了使学生能够深入理解这些原理，掌握分子生物学的基本实验技能，我们精心编写了这本《分子生物学实验指导》。作为一门集理论与实践于一体的学科，分子生物学不仅揭示了生命体遗传信息的传递与表达机制，还为疾病诊断、预防及治疗提供了强有力的技术支持。

《分子生物学实验指导》的编写，正是基于这样的认识与需求。我们精心挑选了一系列具有代表性的实验项目，涵盖了从 DNA、RNA 的提取与纯化，到基因克隆、表达与功能分析等多个方面，旨在通过实验操作，加深学生对分子生物学理论知识的理解和记忆。我们通过一系列精心设计的实验项目，帮助学生及科研人员系统地学习并掌握分子生物学的基本操作、原理和方法，进而为学生提供一个系统、全面、实用的分子生物学实验学习平台。

在编写过程中，我们力求做到以下几点：

1. 科学性：所有实验项目均基于当前分子生物学领域的最新研究成果和技术进展，确保实验内容的科学性和前沿性。

2. 系统性：本书内容按照分子生物学的知识体系进行编排，从基础到高级，由浅入深，循序渐进。每个实验项目都经过了精心的筛选和验证，以确保其实验效果和教学价值。

3. 实用性：我们充分考虑了实验的可操作性和学生的实际需求，对每个实验步骤都进行了详细的描述和说明。同时，还提供了实验中可能遇到的问题及解决方法，帮助学生更好地应对实验中的挑战。

4. 创新性：在保持经典实验项目的基础上，我们还引入了一些新兴技术和方法，以及综合性的实验内容，如绿色荧光蛋白的基因突变及其在 *E.coli* 中的表达，以及 siRNA 技术沉默基因等，以拓宽学生的视野，激发其创新思维。

我们相信，通过这本《分子生物学实验指导》的学习和实践，学生们将能够掌握分子生物学的基本实验技能和方法，为未来的科研工作和职业发展打下坚实的基础。同时，我们也期待本书能够为广大教师和研究人员提供有益的参考和借鉴，共同推动分子生物学领域的发展和进步。

最后，我们衷心感谢所有参与本书编写和审稿工作的专家和学者们的辛勤付出和宝贵意见。愿这本《分子生物学实验指导》能够成为您探索生命奥秘、攀登科学高峰的得力助手！

编　者

2024 年 10 月

目　录

分子生物学实验室基本知识

　　学生在进入实验室做实验之前,实验室基本知识是学生首先需要掌握的一些规则和知识,是安全地进行实验的基本保障。本章介绍了实验室基本安全规则和实验室仪器设备使用方法,目的在于培养学生在实验过程中保持良好的实验室习惯,使他们能自觉遵守实验室规范和仪器设备使用要求,为实验安全顺利进行提供持续的护航。

一、分子生物学实验室安全规范

　　依据《高等学校实验室工作规程》(中华人民共和国国家教育委员会令第20号)《危险化学品安全管理条例》(中华人民共和国国务院令第591号)《中华人民共和国固体废物污染环境防治法》《废弃危险化学品污染环境防治办法》以及《病原微生物实验室生物安全管理条例》等文件,国家对实验室安全问题重视程度日益增加,对实验室安全的建设要求也越来越高。世界卫生组织对实验室生物安全级别进行了相应分类,根据该分类,分子生物学实验室,特别是面向学生教学使用的分子生物学实验室属于生物安全等级一级,极个别的实验涉及生物安全等级二级。分子生物学实验室的安全隐患,主要由于学生对实验所用相关化学药品的知识了解程度较浅,对生物类废弃物的处理不当,以及对实验室仪器设备的使用不规范等。因此,为了维持分子生物学实验室的安全运行,必须使学生先了解并熟知分子生物学实验所涉及的潜在安全隐患和安全问题产生的源头。分子生物学实验室安全规范主要包括:个人基本防护知识、实验室常用化学品的特性及潜在危害、生物类废弃物的基本处理方法、实验室废弃排放净化措施以及易制毒化学品监管等。

　　实验室中个人防护方案主要应该根据实验室生物安全等级来具体制订。例如:本科和中等教育教学实验室依据的标准实践、安全设备和设施规范一般情况下属于生物安全等级一级。如果在实验过程中涉及一些有害的生物制剂或有毒试剂,人类免疫缺陷病毒(HIV)、乙肝病毒、沙门氏菌和弓形虫,或者一些动植物或者人类来源的样本(包括血液、体液、组织或原代细胞系等),各高校应该根据不同实验室安排的实验内容,为实验室提供相应的生物安全等级的实验室安全防护配套措施和实验设施。

1. 个人安全防护设备

个人安全防护设备有助于保护学生的身体免受实验过程中各种来源(如:物理、化学、电气、热量、噪声等)的伤害或暴露于存在生物危害的环境或空气中的颗粒物质。个人安全防护设备主要包括:外套、手套、口罩、鞋套、长袍、封闭式实验室鞋、面罩、呼吸器、安全眼镜、护目镜或耳塞等。个人安全防护设备一般会与其他生物安全控制措施(如生物安全柜和小动物独立通风笼饲养系统)结合使用,这些控制措施有利于隔离有害生物制剂和毒素、动物或材料。在无法使用生物安全柜等生物安全控制措施的情况下,个人安全防护设备就显得尤其重要,可能成为实验人员与危险生物制剂和毒素之间的主要屏障。因此,在实验过程中,应该根据危险等级,为每个实验室操作人员选择合适的个人安全防护设备。

2. 分子生物学实验常用化学品的特性及危害

化学药品是分子生物学实验中最常见的,学生接触最多的存在潜在危害的危险源,因此,要充分了解实验室中常用化学品的特性,可能存在的危害,以及相应的一般防护手段。本实验指导书中设计的实验主要包括以下有毒害化学品,下面介绍它们的名称和使用注意事项及安全防范措施。

丙烯酰胺(acrylamide),DNA 测序和蛋白质分离等实验中电泳过程常用的支持物,具有神经毒性且有累积效应,可通过皮肤和呼吸吸收进入人体。丙烯酰胺未聚合时具有毒性,需要在通风橱中佩戴口罩、手套操作;搬运和使用中也必须穿戴好防护用具,聚合后的丙烯酰胺无毒。

叠氮钠(NaN_3),毒性非常大,它可以阻断细胞色素电子运送系统,可因吸入、咽下或者皮肤接触吸收,进而损害健康,因此,含有叠氮钠的溶液必须标记清楚,操作时需要佩戴口罩、手套,以及安全护目镜。

二甲基亚砜(DMSO)是一种既可以溶于水,又可以溶于有机溶剂的非质子极性溶剂,常用于细胞冻存和试剂溶解。其对皮肤具有极强的渗透性,存在极强的毒性,可以同蛋白质疏水基团发生作用,使蛋白质变性。操作时应当戴手套、口罩,且在通风橱中进行。

二硫苏糖醇(DTT)强还原剂,具有难闻的气味,可通过吸入、咽下或皮肤接触吸收危害人体健康。在使用固体或高浓度储存液时,必须佩戴口罩、手套和护目镜,且在通风橱中进行。

二乙基焦碳酸酯(DEPC)一种潜在的高致癌物质。使用时应佩戴口罩和手套,避免直接接触皮肤,且尽量在通风的条件下进行。

过硫酸铵(AP)对黏膜、上呼吸道、眼睛和皮肤具有危害性,吸入可致命。操作时戴口罩、手套和护目镜,并在通风橱内进行。

吉姆萨(Giemsa)具有毒性的染料,可通过吸入、皮肤接触、咽下进入人体,吸入其粉末可致命或引起失明。使用时,需要佩戴口罩和手套,必要时佩戴安全护目镜,并在化学通风橱内进行。

甲醛(formaldehyde)一种高致癌物质,易挥发并具有强毒性,容易通过皮肤吸收,对眼睛、黏膜和上呼吸道有刺激和损伤作用。使用时,需要佩戴口罩和手套,必要时佩戴安全护目镜,并在化学通风橱内进行,尽量避免吸入其挥发的气雾,保存时应远离热、火花及明火。

氯仿(chloroform)致癌剂,对皮肤、眼睛、黏膜以及呼吸道有刺激作用,对肝脏和肾脏具有损伤作用。操作时要佩戴口罩和手套,必要时使用安全护目镜,并始终在化学通风橱内进行。

β-巯基乙醇(β-mercaptoethanol)强还原剂,气味难闻,吸入、咽下或皮肤接触进入体内会危害健康。操作时要佩戴口罩和手套,并在通风橱中操作。

三氯乙酸(TCA)有很强的腐蚀性。操作时要佩戴手套,并使用安全护目镜。

十二烷基硫酸钠(SDS)对皮肤、眼睛、黏膜以及呼吸道有刺激作用,吸入、咽下或者皮肤接触吸收其粉末会对人体造成伤害。操作时要佩戴口罩和手套,必要时使用安全护目镜,并始终在化学通风橱内进行。

四甲基二乙胺(TEMED)具有很强的神经毒性。操作时要快速,并防止误吸,密封存放。

Triton X-100 可因吸入、咽下或者皮肤接触吸收对人体造成伤害,引起眼睛严重的刺激甚至灼伤。操作时要佩戴口罩和手套,必要时使用安全护目镜。

Trizol 在 RNA 提取中广泛使用,其中含有毒物质苯酚,对眼睛有刺激性,且对皮肤具有腐蚀性。操作时要佩戴口罩和手套,必要时使用安全护目镜。

溴化乙锭(EB)强烈诱变剂,具有高度致癌性。使用时注意操作规范,在特定区域内操作,并佩戴一次性手套,不要再随便触摸其他物品,避免污染环境。

乙酸(acetic acid)易挥发,具有强烈刺激性,因吸入或皮肤吸收会对人体造成伤害。操作时要佩戴口罩和手套,必要时使用安全护目镜,保持在化学通风橱中进行。

3. 生物类废弃物以及实验室废气的处理

在分子生物学实验的准备、进行以及完成阶段,会产生很多试剂和耗材的废弃物,而这些废弃物中通常会存在生物类的废弃物,以及一些实验室废气等,这些需要经过一些特定的程序进行处理。

(1)生物类废弃物处理

生物类废弃物应该根据其物理和化学特性,以及其病原特性,选择合适的方式进行处理,一般由专人分类收集进行消毒、烧毁处理,要求日产日清。

① 一次性使用的制品是分子生物学实验室最常见的废弃物,如口罩、手套、帽

子、工作服等,一般采取使用后放入污物袋内集中烧毁。

② 含有生物类废弃物的可重复利用的玻璃器材,如载玻片、玻璃吸管、三角烧瓶等可以用 1 000～3 000 mg/L 的有效氯溶液浸泡 2～6 h,然后以清水冲洗后重新使用,或者处理后再废弃。

③ 用于标本盛放的玻璃、塑料、搪瓷容器可煮沸 15 min,或者用 1 000～3 000 mg/L 的有效氯溶液浸泡 2～6 h,然后以清水冲洗后重新使用,或者处理后再废弃;微生物培养使用的器具,需要用压力蒸汽灭菌后再使用或者废弃。

④ 用于微生物检验、接种、培养使用过的琼脂平板,需要用压力蒸汽灭菌30 min,趁热将琼脂倒弃处理。

⑤ 尿、唾液、血液等生物样品,需要加入漂白粉搅拌,而后用1 000～3 000 mg/L 有效氯溶液浸泡 2～4 h,倒入化粪池或厕所,或者进行焚烧处理。

(2)实验室废气排放的基本处理方式

为了防止实验室废气污染环境,应在废气排放出口采取相应的净化措施。废气净化的方法很多,主要包括:

① 冷凝法:利用将蒸汽冷却凝结,回收高浓度的有机蒸汽和汞、砷、硫、磷有害物质等。

② 燃烧法:将废气中的可燃物质加热,使其与氧化合进行燃烧,转化成二氧化碳和水等无害物质,从而达到使废气净化的目的。

③ 吸收法:利用废气中的某些有害物质易溶于水或其他溶液的特性,使有害物质进入液体中,达到净化废气的目的。

④ 吸附法:将废气通过与吸附剂(多孔性固体)进行接触,使其中的有害物质被吸附剂吸附,从而进行分离,达到气体净化的效果。

⑤ 催化剂法:利用不同的催化剂对各类物质的不同催化活性,使废气中的有害物质在催化剂的作用下转化成无害的化合物,或者改变原来有害物质的状态,使其变得更易被除去,以达到净化废气的目的。

⑥ 过滤法:一般含有放射性物质的废气,需要经过滤除去放射性物质后,排往大气中。

二、分子生物学实验室常用设备

标准的分子生物学实验室一般包括一些常用的分区,可以分为常规实验操作区域、分析仪器操作区域、细胞培养室、细菌培养室、放射性物质操作室、暗室、消毒室及洗涤室等区域。在不同的区域中放置该区域内使用的仪器设备,下面对不同区域内特定设备的使用进行一些具体介绍。

1. 常规实验操作和分析仪器操作室

(1)电泳装置

电泳装置是分子生物学实验中使用最频繁的装置之一。用于检测、分离、或鉴定不同大小和不同性质的核酸片段。电泳装置由电源和电泳槽两部分组成。

① 电泳仪　电源需要通过稳压器,既能提供稳定的直流电,又能输出稳定的电压。一般包括三种电泳仪:

常度稳压电泳仪:输出电压 $0\sim500$ V,$0\sim15$ mA。

中度稳压电泳仪:输出电压 $400\sim1\,000$ V。

高度稳压电泳仪:输出电压 $1\,000$ V 以上。

普通电泳仪主要用于电压要求不高的普通电泳。高压电泳仪则是用在 DNA 序列分析和蛋白质二维电泳等实验中。

② 电泳槽　一般包括水平电泳槽和垂直电泳槽两种,水平电泳槽有可以分为微型电泳槽和大号水平式电泳槽。垂直电泳槽主要分为垂直平板电泳槽和圆柱形电泳槽装置。

水平电泳槽一般用于琼脂糖凝胶电泳、纸上电泳以及醋酸纤维膜电泳等。用水平电泳槽进行琼脂糖凝胶电泳,并配合紫外成像仪检测核酸分子,是分子生物学中最常用的实验手段。垂直电泳槽主要用于聚丙烯酰胺凝胶电泳实验中,如蛋白质电泳、聚丙烯酰胺凝胶回收以及 DNA 序列测定等。

(2)PCR 仪

聚合酶链式反应(polymerase chain reaction,PCR)仪又称为基因扩增仪、DNA 热循环仪等。PCR 技术是分子生物学中最常用的实验手段,该技术是分子生物学中的一大革命性创新技术,它通过在体外模拟细胞中 DNA 的复制过程,在酶促条件下,通过设定变性、退火、延伸三种温度并经历多次循环反复,达到在体外迅速大量扩增目的 DNA 片段的目的。随着科技的进步 PCR 仪也不断地被完善。目前使用的 PCR 仪一般由温度控制模块和芯片控制模块两部分组成。芯片控制模块的核心是一个微电脑控制系统,用于编辑、设定反应的条件,显示反应状态,调节系统参数等功能。温度控制模块根据加热和制冷的原理不同,分为电阻加热/液体冷却、电阻加热/压缩机制冷、电阻加热/半导体制冷等方式。现在的 PCR 仪都带有"热盖"功能,就是在样品槽加热块的上方再设计一个加热装置,保证反应体系盖的温度始终高于反应体系的温度,这样反应体系就不会因为下方温度高而挥发,从而免去了在反应体系上加液体石蜡的步骤。

(3)紫外分光光度计

利用样品的紫外吸收特性,用波长为 260 nm 和 280 nm 时测出的光密度值 OD_{260} 和 OD_{280} 来反映核酸样品的浓度及纯度;用波长 600 nm 测得的光密度值

OD_{600}来检测细菌培养液,从而反映细菌的生长状况。

(4)电转移系统和真空印迹系统

电转移系统实际上是一种特殊的电泳装置,它是利用核酸和蛋白质带有电荷的特性,将凝胶中的核酸和蛋白质转移至膜上。它可用于 DNA 的转移和蛋白质转移,如蛋白质免疫印迹技术。真空印迹系统是一种利用真空原理将 DNA 片段从凝胶中转移到膜上的仪器。相较于传统的印迹方法,具有操作简单快捷、转移效率高的特点。

(5)恒温水浴设备

分子生物学实验中许多实验需要有恒定的温度环境,如酶切反应、连接反应、标记反应等,恒温水浴设备就是用来给这些反应提供温度条件的。

(6)可调式微量移液器

分子生物学实验中常常需要吸取一定微量体积的液体试剂,这就需要可调式微量移液器,它常用的规格有 1 μL、20 μL、200 μL、1 000 μL、5 000 μL 等。

(7)冰箱

分子生物学实验室的冰箱包括超低温冰箱和普通冰箱。超低温冰箱主要用于存放对保存温度要求较高的试剂、菌株、组织标本等。普通冰箱则用于存放普通的生化试剂、酶类试剂等。

此外,实验室还有许多常规仪器,如用于样品的称量平衡的电子天平和托盘天平,用于溶液 pH 的测定的 pH 计,还有用于加速溶解和混合的磁力搅拌器、快速振荡混匀仪和脱色摇床等多种小型设备。

2. 离心机室

离心是实验中用于不同物理性质的物质分离的常用手段之一。在分子生物学实验中离心技术主要用于:分离收集核酸、蛋白质、细胞、细菌、细胞器等。离心机根据其使用的规模和可达到的最大转速的不同可以分为:

(1)台式微量离心机

最大转速为 12 000~15 000 r/min,通常用于富集微量样品和可快速被沉降的物质,如细胞、细胞核、酵母、细菌以及蛋白质等。

(2)高速冷冻离心机

最高转速为 20000~25 000 r/min,用于富集大规模制备的细胞、细菌、大分子细胞器以及免疫沉淀物等。

(3)超速离心机

离心力在 500 000 g 以上或转速在 70 000 r/min 以上的离心机。主要用于分离提取线粒体、溶酶体、染色体、微粒体、肿瘤病毒等物质。

3. 细胞培养室

(1)生物安全柜

生物安全柜是为分子生物学实验操作提供净化空气的负压安全装置,同时内部配置有紫外线灯、红外线接种灭菌器(日常操作临时灭菌)等灭菌设备。生物安全柜的原理是利用鼓风机驱动空气经过低、中、高效过滤器过滤后,再通过操作台面,从而使实验操作区域形成无菌环境。生物安全柜按气流方向的不同分为:

① 侧流式是指净化后的气流从左侧或右侧通过操作台面流向对侧;或者净化后的气流从上往下或从下往上流向对侧,这些方式都能形成气流屏障,从而保障台面的无菌环境。

缺点:在净化气流和外界气体的交界处,因气体的流向可能出现负压,使少量的未净化气体混入,从而造成操作台面污染。

② 外流式气流是朝向操作人员的方向流动的,这就保证了外面的气体不会混入。

缺点:在进行有害物质实验时,可能对操作人员不利,一般采用有机玻璃把上半部分遮挡起来,使气流从下方流出。

(2)CO_2培养箱

大多数细胞在培养过程中都需要一定浓度的 CO_2(通常为 5% 左右),以维持培养液的酸碱度,因此 CO_2 培养箱主要用于细胞的培养,具有高精度的温控装置,CO_2 浓度控制装置,以及洁净的培养环境。

(3)液氮罐

装盛液氮的罐子,用于细胞、细胞株、菌株、组织的保存。将生长状态良好的细胞按一定比例与甘油或二甲基亚砜(DMSO)混合,置于液氮中保存。在液氮提供的 $-196\,℃$ 的超低温环境下,许多样品可以保存数年甚至更久。但液氮极易挥发,需要注意定期补充。

(4)倒置显微镜

用于细胞培养板或培养瓶中细胞的形态、数量、生长等状况的直接观察。有些较高配置的倒置显微镜还带有摄像功能,可外接相机或电脑,及时记录细胞的生长状态。

4. 细菌培养室

(1)恒温培养箱

用于琼脂平板接种细菌等微生物的培养。由于常见的细菌生长最佳温度一般为 $37\,℃$,所以最好选择温控范围接近($0\sim50\,℃$),且温控精确(温差不超过 $0.5\,℃$)的产品。

（2）恒温振荡摇床

用于液体培养基中接种的细菌等微生物的培养。细菌在分裂增殖的过程中对细菌在容器中的分布有较高的要求，只有将细菌团块均匀地分散到培养液中，才能保证细菌的良好生长。该装置所起的作用就是在提供细菌生长所需温度的同时，通过振荡的方法将细菌均匀地分散到培养液中，以确保细菌的良好生长。

（3）电热恒温鼓风干燥箱

用于烘烤或干燥消毒后的玻璃制品及塑料制品。通常高压灭菌锅消毒后，器物中会残留水分，需要烤干后使用。用于 RNA 实验相关的用具，需要在 250 ℃烤箱中烘干，而有些塑料制品只能在 42～45 ℃的条件下进行烘干，因此需要针对不同的用处选择相应的干燥箱。

5. 放射性核素操作室

（1）液体闪烁计数仪

用于测量放射性物质的辐射强度的仪器。液体闪烁计数仪的原理是利用辐射粒子能够与某些化合物（闪烁剂或荧光剂）相互作用，而产生闪烁现象，将产生的光信号通过光电倍增管转换成电信号，放大后加以记录，通过计算电信号的大小，判断辐射的强度。

（2）杂交炉

用于核酸分子杂交实验的仪器，它包含精密的温控系统和机械转动系统，通过将杂交样品在恒定的杂交温度下均匀转动，来提高杂交效率。杂交炉有滚筒式和板式两种。

（3）盖单计数器

用于跟踪探测放射性核素的强度及位置的装置。

（4）X 射线摄影胶片曝光夹

用于 X 射线的放射自显影。将 X 射线摄影胶片与含有放射性核素的膜或聚丙烯酰胺凝胶一同放入 X 射线摄影胶片曝光夹中曝光。膜或凝胶中的放射性物质发出高能粒子 X 射线，轰击 X 射线摄影胶片使其卤化银分解，在 X 射线摄影胶片上相映的位置形成黑色的区带而被记录下来。

6. 暗室

（1）紫外透射仪

用于观察用溴化乙锭（EB）或者核酸染料染色后的核酸分子的情况。溴化乙锭或核酸染料可与核酸分子结合，并在紫外线激发下，发出荧光。通常用于琼脂糖凝胶电泳中观测核酸分子的大小及含量。

（2）凝胶成像系统

凝胶成像系统是图像分析系统，由软、硬件两部分构成。硬件上拥有电荷耦合器件数码摄像头、视频捕捉卡和一套带有紫外透射仪的暗箱。图像分析软件可以进行凝胶染色图像、放射自显影图像、印迹膜化学发光图像的定性定量分析以及克隆计数等。

7. 消毒及洗涤实验室等

(1)蒸馏器或纯水仪

分子生物学实验对水的要求一般较高,普通的蒸馏水已经不能满足实验的要求,分子实验中大量使用双蒸水,甚至三蒸水。由于双蒸和三蒸水中仍然存在许多无机物杂质,在某些实验中如分子克隆、DNA测序、细胞培养等需使用超纯水。市面上销售的制备超纯水的纯水仪通常价格较高,并且需要定期更换树脂柱。因此,在小型实验室中,可以考虑用离子交换树脂装置对双蒸水进行去离子化处理,已达到代替超纯水的目的。

(2)高压灭菌锅

在分子生物学实验中,对实验器具和试剂的无菌化要求较高,高压灭菌锅用于对试剂和器械进行消毒,提供实验用无菌的试剂及器械。

(3)制冰机

在分子生物学实验中,许多核酸与蛋白质相关操作都需要在低温条件下进行,这样可以减少核酸酶和蛋白酶对样品的降解作用。制冰机用于制备雪花冰或冰块。

实验一　哺乳动物基因组 DNA 提取与鉴定

一、实验目的

掌握多种类型动物细胞基因组 DNA 的提取、分离纯化与鉴定的方法。

二、实验原理

从哺乳动物细胞中获得基因组 DNA 的基本原理是：(1)确保 DNA 分子的一级结构完整；(2)其他分子的污染被排除。所以，DNA 的提取，最重要的就是将细胞粉碎，将与 DNA 相连的蛋白质、多糖、脂质等生物大分子物质除去，RNA 也将被去除，将 DNA 从中沉淀出来，最后去除其中的盐、有机溶剂等杂质，对 DNA 分子进行提纯。

从基因组中抽取 DNA，首先是将细胞破碎，使蛋白质变性，释放出双链 DNA，再经消化去除其中的蛋白质，最终使 DNA 浓缩。目前已有的几种提取 DNA 的方法有酚萃取法、甲酰胺解聚法和盐酸胍裂解法等。以酚抽提法为例，SDS：使细胞裂解，使与 DNA 分子相结合的组蛋白变性，并与 DNA 分子分开，EDTA：可以与 Mg^{2+} 螯合，从而有利于阻止核酸分子之间的聚集，以及核酸与蛋白质分子之间的聚集，与 SDS 相似，也可以抑制核酸酶的活性，降低 DNA 分子降解风险。蛋白酶 K：水解蛋白质，其在 SDS 存在条件下具有较强活性，并且不受 EDTA 的抑制，在较高温度下仍具有较好活性。苯酚/氯仿：除去变性的蛋白质及多糖、脂类等杂质，同时氯仿还可以除去水相中残留的苯酚。异戊醇则可以防止水相和有机相之间的蛋白质起泡。

三、实验仪器、材料与主要试剂

1. 仪器

台式离心机、恒温水浴锅、微波炉、电泳仪及附件、紫外成像系统等。

2. 材料

细胞样品、组织标本、血液标本等。

3. 主要试剂

Tris 缓冲液(TBS):将 8 g NaCl,0.2 g KCl 和 3 g Tris 溶于 800 mL 双蒸水中,加 HCl 调 pH 值至 7.4,定容至 1 000 mL,灭菌后备用。

TE 缓冲液:10 mmol/L Tris-HCl(pH 8.0),1 mmol/L EDTA(pH 8.0),灭菌备用。

抽提缓冲液:10 mmol/L Tris-HCl(pH 8.0),0.1 mmol/L EDTA(pH 8.0),20 μg/mL 胰酶,0.5% SDS。

磷酸盐缓冲液(PBS):将 8 g NaCl,0.2 g KCl,1.44 g Na_2HPO_4 和 0.24 g KH_2PO_4 溶于 800 mL 双蒸水中,加盐酸调 pH 值至 7.4,定容至 1 000 mL,灭菌后备用。

蛋白酶 K(20 mg/mL):200 mg 蛋白酶 K 溶于 10 mL 双蒸水中,−20 ℃储存。

饱和酚溶液(0.5 mL/L Tris-HCl pH 8.0 饱和)

酚仿醇溶液:苯酚/氯仿/异戊醇比例为 25∶24∶1,苯酚为饱和平衡酚。

50×TAE 缓冲液:242 g Tris 溶于 700 mL 双蒸水中,加入 57.1 mL 冰乙酸、100 mL 0.5 mol/L EDTA(pH 8.0),定容至 1 000 mL,室温存放备用。

四、实验步骤

1. 样品准备

(1)细胞样品

① 贴壁生长细胞

将贴壁生长细胞用冰预冷的 TBS 溶液洗涤 2 次,用刮棒将细胞刮下,悬浮于 TBS 中,将细胞悬液转移至预冷的离心管中,4 ℃下,1 500 g 离心 10 min,收取细胞。用 5～10 倍体积预冷的 TBS 重悬细胞,并再度离心。将细胞用 TE 缓冲液重悬至浓度为 5×10^7 个细胞/mL,将 1 mL 细胞悬液转移至 50 mL 三角烧瓶中,加入 10 mL 抽提缓冲液,于 37 ℃温育 1 h。

② 悬浮生长细胞

将细胞培养液转移至离心管中,4 ℃下,1500 g 离心 10 min,以收获细胞。用 5～10 倍体积预冷的 TBS 重悬细胞,再度离心,并重复洗涤 1 次。将细胞用 TE 缓冲液重悬至浓度为 5×10^7 个细胞/mL,将 1 mL 细胞悬液转移至 50 mL 三角烧瓶中,加入 10 mL 抽提缓冲液,于 37 ℃温育 1 h。

(2)组织标本

将新鲜取得的组织块,剪碎,置于盛有液氮的研钵中,快速将组织粉碎成为粉末。将组织粉末转移至离心管中,加入 10 倍体积的抽提缓冲液,充分混匀后,于 37 ℃温育 1 h。

（3）血液标本

① 新鲜血液（20 mL）

收集约 20 mL 的新鲜血液，加入含 1 mL 抗凝液（0.5 mol/L EDTA）的 50 mL 离心管中，4 ℃下，1 500 g 离心 15 min，弃上层血清，加入 15 mL 抽提缓冲液，于 37 ℃温育 1 h。

② 冻藏血液（20 mL）

将约 20 mL 的冷冻血液在室温下融化，移至 50 mL 离心管中，用等体积的 PBS 稀释，室温下 5 000 g 离心 15 min，弃去上清液，其中含有已溶解的红细胞，加入 15 mL 抽提缓冲液，于 37 ℃温育 1 h。

2. 提取过程

（1）向上述 37 ℃温育 1 h 后的样品中，加入相应体积的蛋白酶 K 溶液，至蛋白酶 K 终浓度为 100 μg/mL，轻轻搅拌使蛋白酶 K 混入样品溶液中。

（2）将上述混合后的细胞悬液置于 50 ℃恒温水浴锅中，孵育 3 h，过程中应不断旋动反应液，以保证充分裂解细胞，消化蛋白质。

（3）消化完成后，使消化液冷却至室温，加入等体积饱和酚溶液，上下颠倒离心管 10 min，使两相充分混匀，形成乳浊液，室温下静置 10 min。

注意：饱和酚溶液的 pH 值应当接近 8.0，防止 DNA 在有机相与水相的交界面上滞留。

（4）将上述溶液在室温下，5 000 g 离心 15 min，使有机相与水相分开。

（5）将上层黏稠的水相移至另一只新的离心管中，并重复步骤（3）和（4）2 次。

注意：转移水相时，必须小心缓慢地将 DNA 吸入移液管，防止搅动界面上的物质，若 DNA 过黏而不易吸入移液管中，则可以选择用移液管移去有机溶剂相，保留水相。

（6）将全部水相移转移至新的离心管中，加入等体积的酚仿醇溶液，轻轻上下颠倒混匀 15 min，在 4 ℃下，5 000 g 离心 15 min，收集上清液。

（7）加入等体积的氯仿/异戊醇（24∶1），与上一步骤相同，再抽提一次。

（8）加入预冷的 2.5 倍体积无水乙醇，轻轻摇动离心管，使 DNA 分子沉淀。

（9）将絮状的 DNA 分子沉淀用巴斯德吸管转移至 15 mL 离心管，用 75%乙醇洗涤一次，室温下，5 000 g 离心 5 min，弃上清乙醇溶液。

（10）室温下干燥 DNA 沉淀，加入 TE 溶液溶解 DNA，置于 4 ℃保存。

3. 分析鉴定

（1）分光光度计测定 DNA 浓度

① 取 DNA 溶液 5 μL，稀释 200 倍。

注意：取 DNA 溶液时，需要用移液器轻轻地将 DNA 溶液充分混匀。

② 使用紫外分光光度计分别在 230 nm、260 nm、280 nm 和 310 nm 波长下测量吸光值。其中，OD_{260} 用于估算样品中 DNA 的浓度，1 个 OD_{260} 相当于 50 $\mu g/mL$ 双链 DNA。因此，DNA 样品浓度（mg/mL）=（OD_{260} − OD_{310}）× 50 × 稀释倍数 ÷ 1000。

其中，OD_{260}/OD_{280} 与 OD_{260}/OD_{230} 用于估计 DNA 的纯度。较纯的 DNA 样品中，$OD_{260}/OD_{280} \approx 1.8$，$OD_{260}/OD_{230} > 2$。若 $OD_{260}/OD_{280} > 1.8$，说明样品中有 RNA 污染；若 $OD_{260}/OD_{280} < 1.8$，说明样品中有蛋白质污染。

注意：核酸所含嘌呤和嘧啶分子具有共轭双键，在 260 nm 波长处具有最大吸收峰。蛋白在 280 nm 波长处有最大吸收峰。OD230 则可以评估样品中是否存在，如碳水化合物、多肽、苯酚等污染物。OD310 是背景吸收值。

（2）琼脂糖凝胶电泳检测

① 取一个干净的 250 mL 锥形瓶，称取 0.5 g 琼脂糖，加入 1×TAE 电泳缓冲液 50 mL（配制 1% 琼脂糖溶液），混匀。

② 用微波炉加热，使其充分融化。

注意：避免使用猛火过长时间加热，以防暴沸和溢出。加热过程中可暂停，多次加热，小心摇匀。熔化好的琼脂糖溶液澄清透明。

③ 准备干净的胶板，并插上梳子。待琼脂糖溶液冷却至 60 ℃ 左右时，向锥形瓶中加入 1~2 μL EB（或按比例加入其他核酸染料），轻轻摇晃混匀，将溶液缓缓倒入制胶板中。室温放置约 30 min，待完全冷却凝固后，拔出梳子。

④ 将琼脂糖凝胶连同制胶板一同放入电泳槽中，加入适量的 1×TAE 电泳缓冲液，以溶液液面刚好没过凝胶表面 1~2 mm 为宜。

⑤ 取 2~5 μL DNA 溶液按比例与 6× 上样缓冲液混合均匀，加入样品孔中，55 V 电泳 40 min，待溴酚蓝迁移至凝胶长度 2/3~4/5 处，结束电泳。

注意：点样时，枪头尖插到点样孔的中下部，使点样液缓慢排出。枪头拔出液面时才松开按压移液器的拇指。电泳时，琼脂糖凝胶的点样孔一侧靠近黑色的负极。

⑥ 电泳结束后，将琼脂糖凝胶置于紫外成像系统中，成像并分析结果。

五、实验结果与报告

1. 预习作业

根据不同动物细胞的结构特点，比较不同细胞基因组 DNA 提取的关键步骤和注意事项。

2. 结果分析与讨论

（1）实验结果呈现：以琼脂糖凝胶电泳检测图为主，在图上应标注各泳道的样品名称、DNA marker 名称及其片段大小。分析实验结果,包括:DNA 条带是否单一,其位置在哪里,如果有弥散拖尾现象说明了什么,等问题。

(2)根据电泳图谱和 OD 值数据,判断所提取的 DNA 是否满足后续实验要求。

六、思考题

1. DNA 提取过程应注意哪些事项?
2. 琼脂糖凝胶电泳检测 DNA 时,DNA 为什么会从负极向正极移动?

实验二 植物基因组 DNA 提取与鉴定

一、实验目的

1. 认识核酸的基本性质以及操作核酸的基本步骤。
2. 掌握植物基因组 DNA 提取的原理和方法。
3. 掌握水平凝胶电泳的原理及注意事项。

二、实验原理

DNA 分子是生物体遗传信息的载体,在分子生物学研究中具有举足轻重的作用,因此,提取和纯化 DNA 是一步非常重要的操作,也是分子实验的基础。植物细胞中的 90% 以上的 DNA 分子存在于细胞核内;剩下存在于核外的 DNA 分子主要包括叶绿体 DNA 和线粒体 DNA。植物基因组 DNA 的提取主要包括两个步骤:一是植物细胞的裂解,使 DNA 分子溶解;二是通过酶学或化学方法去除细胞中的蛋白质、RNA 以及其他生物大分子杂质。

十六烷基三乙基溴化铵(CTAB)法是植物基因组 DNA 提取最常用方法之一,由 Muray 和 Thompson 于 1980 年修改而形成。CTAB 是一种去污剂,可以破坏并溶解细胞膜,同时与核酸形成复合物,可溶解于 0.7 mol/L NaCl 等高盐溶液中,而当溶液中的盐浓度降低到一定程度(0.3 mol/L NaCl)时,CTAB –核酸复合物则从溶液中被沉淀下来,因此可以通过离心的方法将复合物与蛋白、多糖等物质分开。最后利用乙醇或异丙醇使 CTAB 溶解于溶液中被除去,而使得 DNA 分子被沉淀下来。在 CTAB 提取缓冲液中,Tris-HCl(pH 8.0)为提取系统提供了一个缓冲环境,可以防止核酸被破坏;EDTA 则可以螯合 Mg^{2+} 或 Mn^{2+},从而抑制 DNase 的活性;NaCl 为体系提供了一个高盐的环境,使 CTAB –核酸复合物被充分的溶解于其中;β–巯基乙醇是抗氧化剂,可以防止酚氧化成醌,避免褐变,使酚更容易被去除。

三、实验仪器、材料与主要试剂

1. 仪器

微量移液器、研钵、剪刀、灭菌枪头、灭菌 1.5 mL 离心管、锥形瓶、量筒、台式离心机、水浴锅、电子天平、微波炉、电泳槽、电泳仪、紫外成像仪。

2. 材料

拟南芥、小麦、玉米、水稻等植物幼嫩的叶片。

3. 主要试剂

CTAB 提取缓冲液:将 20 g CTAB 和 29.2 g NaCl 溶于 750 mL 蒸馏水中,再依次加入 1 mol/L Tris-HCl(pH 8.0)100 mL,0.5 mol/L EDTA(pH 8.0)100 mL,10 mL β-巯基乙醇,充分混匀,定容至 1 000 mL。121 ℃灭菌 20 min,4 ℃保存备用。

TE 缓冲液:10 mmol/L Tris-HCl(pH 8.0),1 mmol/L EDTA(pH 8.0),灭菌备用。

50×TAE 缓冲液:242 g Tris 溶于 700 mL 双蒸水中,加入 57.1 mL 冰乙酸、100 mL 0.5 mol/L EDTA(pH 8.0),定容至 1 000 mL,室温存放备用。

氯仿:异戊醇(24∶1)、异丙醇、70%乙醇、琼脂糖、6×上样缓冲液。

四、实验步骤

1. 植物基因组 DNA 提取

(1)称取 1 g 左右新鲜叶片,剪成 1~2 cm² 碎片,置于预冷的研钵中,加入约 50 mL 的液氮,轻轻将叶片研磨成粉末,需要在液氮挥发之前,迅速地将适量的植物叶片白绿色粉末转移至 1.5 mL 离心管中。

注意:①不同植物、不同组织、不同年龄的材料提取 DNA 产率不同,植物幼嫩组织 DNA 产率较高。②100 mg 的新鲜植物叶片可以获得 5~15 μg DNA 分子。因此,在分装时根据需要将适量的粉末快速转移到 1.5 mL 离心管中。

(2)立即加入事先预热的 CTAB 缓冲液 600 μL,充分混匀,置于 65 ℃水浴锅中提取 1 h,水浴期间需要反复颠倒混匀样品 5~6 次。

注意:①CTAB 提取液的用量按 600 μL 对应 100 mg 样品的比例,可以根据样品重量的多少相应增减。②如果实验要求较高,需要得到无 RNA 的 DNA 分子,可以在水浴提取之后,按 600 μL 提取液加入 20 μL 10 mg/mL RNase A,室温下放置 5 min,消化 RNA。

(3)水浴提取完之后,将离心管放入冰上冷却 5 min,加入等体积氯仿/异戊醇(24∶1)抽提液,轻轻上下颠倒混匀,冰上放置 10 min。

注意:①氯仿易挥发,加抽提液需要在通风橱内进行。②也可使用苯酚/氯仿/异戊醇(25∶24∶1)替代氯仿/异戊醇(24∶1)。因为苯酚可以有效地使蛋白质变性,并溶解变性的蛋白;氯仿也是蛋白质的变性剂,但其更重要的是使的抽提液比重增加,使氯仿/异戊醇有机相在下层,方便水相的回收;异戊醇可防止混合时产生泡沫,有利于水相和有机相的分层。抽提液提取后,上层水相中含有 DNA 分子,下层有机相主要是氯仿,大多数的变性蛋白质则处于两相之间的界面上。

(4)室温 5 500 g 离心 10 min,将枪头的尖头剪掉,小心的吸出上清液(约 500 μL 无色或淡黄色溶液),转移至新的 1.5 mL 离心管中。

(5)加入与上述溶液等体积的异丙醇,上下颠倒混匀,出现絮状 DNA 沉淀。室温下,7 500 g 离心 10 min。

(6)弃上清液,加入 100 μL TE 缓冲液溶解 DNA。必要时,可在 65 ℃水浴中孵育促进 DNA 溶解。

(7)向上述溶液中加入 1/10 体积的 3 mol/L NaAc 和 2 倍体积预冷的无水乙醇,颠倒混匀,室温放置 20 min,使 DNA 再次形成絮状沉淀。

注意:此步骤可以除去样品中的高浓度 NaCl,进一步纯化 DNA;3 mol/L NaAc 溶液可以中和 DNA 所带负电荷,使得 DNA 易于沉淀下来。

(8)室温 5 500 g 离心 5 min。加入 70% 乙醇洗涤沉淀和管壁,将溶液倒掉,离心管倒扣于吸水纸上干燥沉淀。

(9)加入 100～200 μL 100 mmol/L pH8.0 TE(含 10 mg/mL RNase A)溶解沉淀,−20 ℃保存。

2. DNA 浓度和纯度测定

(1)吸取 5 μL DNA 溶液,稀释 200 倍,使用分光光度计检测。

(2)使用紫外分光光度计分别在 230 nm、260 nm、280 nm 和 310 nm 波长下测量吸光值。其中,OD_{260} 用于估算样品中 DNA 的浓度,1 个 OD_{260} 相当于 50 μg/mL 双链 DNA。因此,DNA 样品浓度(mg/mL)=(OD_{260}−OD_{310})×50×稀释倍数÷1000。

其中,OD_{260}/OD_{280} 与 OD_{260}/OD_{230} 用于估计 DNA 的纯度。较纯的 DNA 样品中,$OD_{260}/OD_{280} \approx 1.8$,$OD_{260}/OD_{230} > 2$。若 $OD_{260}/OD_{280} > 1.8$,说明样品中有 RNA 污染;若 $OD_{260}/OD_{280} < 1.8$,说明样品中有蛋白质污染。

注意:核酸所含嘌呤和嘧啶分子具有共轭双键,在 260 nm 波长处具有最大吸收峰。蛋白在 280 nm 波长处有最大吸收峰。OD_{230} 则可以评估样品中是否存在,如碳水化合物、多肽、苯酚等污染物。OD_{310} 是背景吸收值。

3. 琼脂糖凝胶电泳检测

(1)取一个干净的 250 mL 锥形瓶,称取 0.5 g 琼脂糖,加入 1×TAE 电泳缓冲液 50 mL(即为 1% 琼脂糖溶液),混匀。

(2)用微波炉加热,充分融化。

注意:避免使用猛火过长时间加热,以防暴沸和溢出。加热过程中可暂停,多次加热,小心摇匀。熔化好的琼脂糖溶液澄清透明。

（3）准备胶板，插上梳子。待溶液冷却至 60 ℃左右时，向锥形瓶中加入 1～2 μL EB（或按比例加入其他荧光染料），轻轻摇晃混匀，将溶液缓缓倒入制胶板中。室温放置约 30 min，待完全冷却凝固后，拔出梳子。

（4）将凝胶连同制胶板一同放入电泳槽中，倒入适量 1×TAE 电泳缓冲液，以溶液刚好没过凝胶表面 1～2 mm 为宜。

（5）取 2～5 μL DNA 溶液与 1～2 μL 6×上样缓冲液混合均匀，加入样品孔中，55 V 电泳 40 min，待溴酚蓝迁移至凝胶长度 2/3～4/5 处，结束电泳。

注意：点样时，枪头尖插到点样孔的中下部，使点样液缓慢排出。枪头拔出液面时才松开按压移液器的拇指。电泳时，琼脂糖凝胶的点样孔一侧靠近黑色的负极。

（6）电泳结束后，将凝胶置于紫外成像系统中，成像并分析结果。

五、实验结果与报告

1. 预习作业

从植物细胞基本结构出发，分析提取植物基因组 DNA 应该采取的方法与步骤？

2. 结果分析与讨论

（1）实验结果呈现：以琼脂糖凝胶电泳检测图为主，在图上应标注各泳道的样品名称、DNA marker 名称及其片段大小。分析实验结果，包括：DNA 条带是否单一，其位置在哪里，如果有弥散拖尾现象说明了什么，等问题。

（2）根据电泳图谱和 OD 值数据，判断所提取的 DNA 是否满足后续实验要求。

六、思考题

1. DNA 提取过程应注意哪些事项？如何避免电泳检测时出现多条带和弥散现象？

2. CTAB 提取缓冲液的主要成分有哪些？它们的作用分别是什么？

实验三　细菌质粒 DNA 提取与鉴定

一、实验目的

1. 学习并掌握碱裂解法提取质粒的原理和操作步骤。
2. 通过电泳检测,学习和掌握质粒的高级构型的电泳表现差异。

二、实验原理

质粒是存在于细菌染色体外的双链闭合环状 DNA 分子,具有自我复制功能,并携带有抗性基因及表型识别等遗传性标记物。天然的质粒经人工改造后,具有多克隆位点,可以用于进行外源基因转入,实现基因重组。因此质粒是生物科学研究中重要工具。

从细菌中提取和纯化质粒 DNA 通常包括 3 个基本步骤:培养细菌,扩增质粒;收集和裂解细菌;分离和纯化质粒 DNA。

1. 细菌培养挑取单个菌落接种培养

通常以细菌培养液的 OD_{600} 值来判断细菌的生长状况,当 $OD_{600}=0.4$ 时,细菌处于对数生长期;$OD_{600}=0.6$ 时,细菌处于对数生长后期。

2. 收集和裂解细菌

将生长至合适时期的菌液离心去除培养基,用缓冲液漂洗后裂解细菌。裂解细菌主要有 SDS 法、煮沸法等。大部分实验室采用 SDS(碱裂解法)。基本原理是:在碱性条件下,细菌的细胞壁和细胞膜被 SDS 破坏,细菌染色体 DNA、质粒 DNA 及蛋白质在碱性条件下发生变性。

3. 质粒 DNA 的分离与纯化

向碱性裂解液中加入酸性溶液,使裂解液转为中性,由于质粒 DNA 分子较小,在中性溶液中复性,恢复原状;而染色体 DNA 分子很大仍处于变性状态,并与蛋白质结合形成沉淀,被离心除去。然后,再用酚、氯仿等抽提法去除残余蛋白质。此外,RNA 被 RNase 去除,从而得到质粒。

质粒 DNA 的分子量通常在 $10^6 \sim 10^7 Da$。在细胞内,共价闭环 DNA 通常以超螺旋的形式存在。如果两条链中有一条发生一处或多处断裂,分子就能旋转消除链的张力,形成松弛型的开环 DNA。因此,在电泳时,质粒的超螺旋形式的泳动速度要快于开环、线状质粒,因此电泳图谱上通常会出现 3 个条带。

三、实验仪器、材料与主要试剂

1. 仪器

台式离心机、微量移液器、制冰机、水浴锅、恒温培养箱等。

2. 材料

含重组质粒的大肠杆菌菌株。

3. 主要试剂

LB 培养基:称取 10 g 胰蛋白胨、5 g 酵母提取物、10 g NaCl 加入烧杯中,倒入 950 mL 蒸馏水,搅拌至完全溶解,约用 0.2 mL 5 mol/L NaOH 调节 pH 至 7.4,定容至 1 L。121 ℃灭菌 20 min,4 ℃保存备用。对于 LB 固体培养基,则需要另外加入 1.5% 琼脂粉,灭菌后倒平板。

溶液Ⅰ:50 mmol/L 葡萄糖,25 mmol/L Tris-HCl(pH 8.0),10 mmol/L EDTA(pH 8.0)。高压灭菌 15 min,4 ℃存放备用。

溶液Ⅱ:0.4 mol/L NaOH,2% SDS 溶液等体积混合,现配现用。

溶液Ⅲ:60 mL 5 mol/L 乙酸钾溶液,11.5 mL 冰乙酸,28.5 mL 双蒸水,混匀。

70% 乙醇、TE 缓冲液、TER(含 20 μg/mL RNase A)缓冲液。

四、实验步骤

1. 质粒 DNA 分子的提取

(1)挑取生长在 LB 固体培养基中的单菌落,接种于 20 mL LB 液体培养基中,37 ℃恒温培养箱 200 r/min 振荡培养 12~14 h。

(2)取 1~1.5 mL 培养物加入 1.5 mL 离心管中,室温下 7500 g 离心 1 min,弃上清。

注意:①所取细菌生长到波长 600 nm 下,OD 值为 0.5~0.8 为宜。②若细菌含量比较少,可在离心弃上清之后,再加装 1 次培养物,以增加细菌量。

(3)加入 100 μL 预冷的溶液Ⅰ,涡漩振动 2~5 min,充分重悬细菌沉淀至均匀无结块。

(4)加入 200 μL 新鲜配制的溶液Ⅱ,立即温和颠倒混匀,冰水浴 2~3 min。

注意:此步骤时间不要超过 5 min。长时间的 NaOH 处理,会使质粒 DNA 羟基化,发生不可逆变性,甚至 DNA 分子断裂,影响后续实验;同时还可能使细菌染色体 DNA 断裂成小片段,从而难以与质粒 DNA 分离。

(5)加入 150 μL 预冷的溶液Ⅲ,温和颠倒混匀,出现白色絮状沉淀,可在冰上放置 3～5 min。室温 12 000 g 离心 10 min。

(6)吸取上清液移到新的离心管中,加入等体积的氯仿/异戊醇(24∶1),振荡混匀,室温下,静置 1～2 min。室温 12 000 g 离心 10 min。

(7)吸取上清液移到新的离心管中,加入 2 倍体积预冷的无水乙醇,颠倒混匀,−20 ℃放置 10 min,12 000 g 离心 10 min。

(8)弃上清,加入 1 mL 70%乙醇洗涤沉淀,7500 g 离心 5 min,弃上清,倒置于吸水纸上将沉淀晾干。

(9)向沉淀中加入 20～50 μL TE 缓冲液,37 ℃水浴 10 min 溶解沉淀,并除去 RNA。−20 ℃保存备用。

2. DNA 浓度和纯度测定

(1)吸取 1 μL 质粒溶液,稀释 200 倍,使用分光光度计检测。

(2)使用紫外分光光度计分别在 230 nm、260 nm、280 nm 和 310 nm 波长下测量吸光值。其中,OD_{260}用于估算样品中 DNA 的浓度,1 个 OD_{260}相当于 50 μg/mL 双链 DNA。因此,质粒 DNA 样品浓度(mg/mL)=(OD_{260}−OD_{310})×50×稀释倍数÷1000。

其中,OD_{260}/OD_{280} 与 OD_{260}/OD_{230} 用于估计质粒 DNA 的纯度。较纯的 DNA 样品中,OD_{260}/OD_{280}≈1.8,OD_{260}/OD_{230}>2。若 OD_{260}/OD_{280}>1.8,说明样品中有 RNA 污染;若 OD_{260}/OD_{280}<1.8,说明样品中有蛋白质污染。

注意:核酸所含嘌呤和嘧啶分子具有共轭双键,在 260 nm 波长处具有最大吸收峰。蛋白在 280 nm 波长处有最大吸收峰。OD_{230} 则可以评估样品中是否存在,如碳水化合物、多肽、苯酚等污染物。OD_{310}是背景吸收值。

3. 琼脂糖凝胶电泳检测

(1)取一个干净的 250 mL 锥形瓶,称取 0.5 g 琼脂糖,加入 1×TAE 电泳缓冲液 50 mL(即为 1%琼脂糖溶液),混匀。

(2)用微波炉加热,充分融化。

注意:避免使用猛火过长时间加热,以防暴沸和溢出。加热过程中可暂停,多次加热,小心摇匀。熔化好的琼脂糖溶液澄清透明。

(3)准备胶板,插上梳子。待溶液冷却至 60 ℃左右时,向锥形瓶中加入 1～2 μL EB(或按比例加入其他荧光染料),轻轻摇晃混匀,将溶液缓缓倒入制胶板中。室温放置约 30 min,待完全冷却凝固后,拔出梳子。

(4)将凝胶连同制胶板一同放入电泳槽中,倒入适量 1×TAE 电泳缓冲液,以溶液刚好没过凝胶表面 1～2 mm 为宜。

(5)取 2～5 μL DNA 溶液与 1～2 μL 6×上样缓冲液混合均匀,加入样品孔中,55 V 电泳 40 min,待溴酚蓝迁移至凝胶长度 2/3～4/5 处,结束电泳。

注意:点样时,枪头尖插到点样孔的中下部,使点样液缓慢排出。枪头拔出液面时才松开按压移液器的拇指。电泳时,琼脂糖凝胶的点样孔一侧靠近黑色的负极。

(6)电泳结束后,将凝胶置于紫外成像系统中,成像并分析结果。

注意:纯度较高的质粒溶液,外观清澈透明无杂质;紫外分光计测定浓度 OD_{260}/OD_{280} 为 $1.8\sim2.0$,$OD_{260}/OD_{230}>2$;电泳检测使,无细菌基因组条带和 RNA 条带,超螺旋条带粗且亮;利用酶切反应验证目的条带大小正确且无杂带;测序验证碱基序列正确。

五、实验结果与报告

1. 预习作业

学习质粒 DNA 的提取原理和步骤,分析其与基因组 DNA 提取的不同点。

2. 结果分析与讨论

(1)实验结果呈现:以琼脂糖凝胶电泳检测图为主,在图上应标注各泳道的样品名称、DNA marker 名称及其片段大小。分析实验结果,包括:不同结构的质粒 DNA 条带是位置在哪里,是否正确等问题。

(2)根据电泳图谱和 OD 值数据,判断所提取的质粒是否满足后续实验要求。

六、思考题

1. 影响质粒 DNA 提取质量和得率的关键因素有哪些?
2. 影响质粒 DNA 构象和电泳的关键因素有哪些?

实验四 植物总 RNA 提取与鉴定

一、实验目的

RNA 是基因表达的中间产物,同时也是 RNA 病毒的遗传物质,对 RNA 进行操作在分子生物学中占有重要地位。植物总 RNA 的提取目的在于了解和掌握 RNA 提取的一般原理;掌握常用的提取和鉴定方法、操作步骤、注意事项和技术关键。了解 RNA 浓度和纯度的测定。

二、实验原理

DNA、RNA 和蛋白质是生物体中重要的三种大分子,是生命现象的分子基础。DNA 的遗传信息决定了生命体的主要性状,mRNA 在信息传递中发挥重要的作用,而其他两大类 RNA(rRNA 和 tRNA)同样在蛋白质的生物合成中发挥着不可替代的重要功能。因此,mRNA、rRNA 以及 tRNA 在将遗传信息由 DNA 传递到蛋白质的过程中发挥着举足轻重。目前,比较成熟的 RNA 提取方法包括:(1)苯酚法:用 SDS 将蛋白质变性并抑制 RNase 活性,再经多次苯酚/氯仿抽提,去除蛋白质、多糖以及色素等杂质,最后用乙酸钠和乙醇沉淀 RNA;(2)胍盐法:用异硫氰酸胍或盐酸胍和 β-巯基乙醇处理,使蛋白质变性并抑制 RNase 的活性,再经多次苯酚/氯仿抽提,去除蛋白质、多糖以及色素等杂质,最后用乙酸钠和乙醇沉淀 RNA;(3)氯化锂沉淀法:因为锂离子在一定 pH 下能使 RNA 相对特异地沉淀,但容易使小分子 RNA 损失,并且残留的锂离子对 mRNA 存在抑制作用;(4)Trizol 法。

本实验设计采用 Trizol 法提取植物细胞总 RNA,所用的 Trizol 试剂是一种新型的由苯酚和异硫氰酸胍配制而成的单相快速抽提总 RNA 的试剂。苯酚的主要作用是裂解细胞,使细胞中的蛋白、核酸物质解聚,使 RNA 得到释放。苯酚虽然可以有效地变性蛋白质,但不能完全抑制 RNase 活性,因此 Trizol 中还加入了 β-羟基喹啉、异硫氰酸胍、β-巯基乙醇等,用以抑制内源和外源的 RNase。在匀浆和裂解过程中,其能快速破碎细胞、降解蛋白质和其他成分,使蛋白质与核酸分离,同时能抑制 RNase,保持 RNA 的完整性。经氯仿抽提、离心分离后,RNA 将溶解于水相中。氯仿可以抽提酸性苯酚,而酸性苯酚可促使 RNA 进入水相,因此,离心后形成溶有 RNA 的水相层和有机层,将水相转管后,用异丙醇沉淀,则得到沉淀的 RNA,最后利用 DEPC 处理后的无 RNase 水溶解 RNA。

提取的总 RNA 纯度和浓度需要进行测定。组成 RNA 的碱基在紫外光谱区都有一定的吸收值,最大吸收波长为 250～270 nm。当碱基与磷酸或糖形成核苷酸后,其最大吸收波长为 260 nm,吸收波谷为 230 nm。因此,根据 RNA 溶液在 260 nm 下的 OD 值就可计算出样品的浓度,1 OD 值相当于 40 μg/mL RNA,计算公式为:RNA 样品浓度(μg/mL)＝OD_{260}×4×稀释倍数。由于蛋白质的最大吸收波长为 280 nm,用 OD_{260}/OD_{280} 比值可以用于检测 RNA 的纯度。利用分光光度计只能计算出 RNA 的浓度和纯度,而 RNA 的完整性,则需要用凝胶电泳来测检。植物细胞总 RNA 含有 28S、18S、5S 等 rRNA,其中 28S、18S 最丰富,并且所占比例基本不变。在琼脂糖凝胶上,28S rRNA 亮度约为 18S rRNA 亮度的 1 倍,这样的结果说明 RNA 样品完整性好。如果亮度相同,说明已有不同程度的降解。严重降解的样品,则可能见不到 28S rRNA 的条带,甚至 18S 的条带也见不到。而 mRNA 在琼脂糖凝胶上呈现按相对分子质量由大到小连续分布,无明显条带出现。

三、实验仪器、材料与主要试剂

1. 仪器

研钵、恒温水浴、离心机、制冰机、电子天平、微波炉、电泳槽、电泳仪、紫外成像仪等。

2. 材料

拟南芥、小麦、玉米和水稻等植物组织,包括:叶片、茎、籽粒等。

3. 主要试剂

TE 缓冲液:10 mmol/L Tris-HCl(pH 8.0),1 mmol/L EDTA(pH8.0),灭菌备用。

Trizol 试剂、氯仿、异丙醇、75％乙醇、DEPC 处理水、琼脂糖。

注意:由于环境中 RNase 广泛存在且极稳定,且一般反应不需要辅助因子,RNA 提取过程中,只要存在少量 RNase 就会引起 RNA 的降解。因此,在提取过程中要格外仔细,控制外源 RNase 污染,主要措施包括:①对所用器皿进行 RNase 灭活处理,如用 180 ℃烘烤玻璃器皿,8 h 以上;用 0.1％的焦炭酸二乙酯(DEPC)的水溶液浸泡玻璃器皿和其他用品;②所用的水和相关的缓冲液需要先用 0.1％ DEPC 水溶液,在 37 ℃处理 12 h 以上(Tris-HCl 缓冲液等不可以用 DEPC 处理),再经高温高压灭菌除去残留的 DEPC。不能高压灭菌的试剂,应当用 DEPC 处理后的水配制,然后用 0.2 μm 滤膜抽滤除菌。

四、实验步骤

1. 从植物组织中提取总 RNA

(1)称取 100 mg 植物样品放入用液氮预冷的研钵中,加少量液氮,迅速研磨至细粉状。

注意:①由于样品分离后细胞内 RNase 在短时间内就会被激活,因此 RNA 提取使用的样品必须使新鲜材料,切忌使用反复冻融材料;若分离后的材料无法立即提取,应立即使用液氮冷冻,保存与−80 ℃冰箱内,或将材料储存在 Trizol 中,再放入−80 ℃冰箱保存。②植物 RNA 提取中,样品一定要充分研磨成粉末,若样品细胞壁较硬,可加入适量石英砂一同研磨。

(2)将在液氮中研磨成粉末的样品,迅速用药匙转移至含有 1 mL Trizol 的 1.5 mL 离心管中,并立即用振荡器振荡 2 min,使样品快速溶解于裂解液中。

(3)室温下放置 10 min,期间不断振荡,使细胞充分裂解。

注意:RNA 提取的质量和得率与植物细胞是否裂解直接相关。细胞裂解不完全可能导致 RNA 提取得率低,并受到 DNA 和蛋白质的污染。

(4)将上述样品置于离心机中,4 ℃下 12 000 g 离心 5 min,将上清液转移到新的 1.5 mL 无 RNase 离心管中。

(5)加入上清 1/5 体积的氯仿,迅速振荡混匀,室温放置 15 min。

注意:1. 氯仿在 RNA 提取中具有多个作用:变性蛋白,抑制 RNase 活性;抽提水相中的苯酚,避免苯酚破坏 RNA 分子;去除样品中的一些脂溶性杂质,如:油脂、脂溶性色素等。2. 不要使用涡旋振荡器,避免剧烈的振荡使得 DNA 断裂,断裂得 DNA 亲水基团与水相接触会进入水相,污染 RNA。3. 加入氯仿后手动彻底地混匀,静置使有机相和水相分离。

(6)4 ℃下 12 000 g 离心 15 min,将上层水相转移到新的 1.5 mL 无 RNase 离心管中。

注意:吸取上层水相时必须小心,宁愿少吸一点也不要吸取到中间界面,否则会导致 RNA 样品收蛋白质污染。

(7)向上述溶液中加入等体积的异丙醇,上下颠倒混匀,室温放置 10 min。4 ℃下 12 000 g 离心 10 min,弃上清液,得到 RNA 沉淀。

(8)向沉淀中加入 1 mL 75%乙醇,温和振荡悬浮沉淀。4 ℃下 12 000 g 离心 5 min,尽量弃上清液。

注意:①使用 75%乙醇清洗 RNA 沉淀和离心管内壁,可以显著减少提取的 RNA 样品中的盐含量,提高 RNA 质量。②弃上清液时,观察白色 RNA 沉淀,防止沉淀被倒掉。也可使用移液器小心将离心管内残余的液体吸出。

(9)室温晾干或真空干燥 5～10 min。

注意:尽量使 RNA 沉淀表面乙醇挥发干净,否则会影响 RNA 溶解和后续实验;也不可太干燥,否则很难再溶解。

(10)向沉淀中加入 50 μL DEPC 处理水或 TE 缓冲液,溶解 RNA 样品,－80 ℃保存。

注意:RNA 溶解使用的双蒸水或者 TE 缓冲液必须是使用 DEPC 处理并高压蒸汽灭菌的。

2. RNA 浓度和纯度测定

(1)吸取 1～2 μL RNA 溶液,稀释 200 倍,使用分光光度计检测。

(2)使用紫外分光光度计分别在 230 nm、260 nm、280 nm 和 310 nm 波长下测量吸光值。其中,OD_{260} 用于估算样品中 RNA 的浓度,1 个 OD_{260} 相当于 40 μg/mL 单链 RNA。因此,RNA 样品浓度(mg/mL)=(OD_{260}－OD_{310})×40×稀释倍数÷1000。

其中,OD_{260}/OD_{280} 与 OD_{260}/OD_{230} 用于估计 RNA 的纯度。较纯的 RNA 样品中,OD_{260}/OD_{280}≈1.8,OD_{260}/OD_{230}>2。若 OD_{260}/OD_{280}<1.8,说明样品中有蛋白质污染;若 OD_{260}/OD_{230}<2,说明样品去盐不充分,应再用 75%乙醇洗涤。

注意:核酸所含嘌呤和嘧啶分子具有共轭双键,在 260 nm 波长处具有最大吸收峰。蛋白在 280 nm 波长处有最大吸收峰。OD_{230} 则可以评估样品中是否存在,如碳水化合物、多肽、苯酚等污染物。OD_{310} 是背景吸收值。

3. 甲醛变性琼脂糖凝胶电泳检测 RNA 质量

(1)称取 0.5 g 琼脂糖加入含 40 mL 无菌 DEPC 处理水的三角瓶中,微波炉中加热至完全溶化。

(2)待融化的琼脂糖溶液冷却至 60 ℃左右时,在通风橱中依次加入 9 mL 甲醛、5 mL 10×MOPS 缓冲液,以及 1～2 μL EB(或按比例加入其他荧光染料),轻轻摇晃混匀,将溶液缓缓倒入制胶板中。

注意:RNA 检测使用的电泳槽、模具以及样品梳,需提前在 2M NaOH 溶液或 3% H_2O_2 中浸泡 20 min,再用无 RNase 的 DEPC 处理水彻底冲洗,烘干。

(3)在离心管中,依次加入 2 μL 1×MOPS 缓冲液、3.5 μL 甲醛、10 μL 去离子甲酰胺以及 5 μL RNA 样品,使用移液器吹打混均,于 65 ℃水浴中孵育 5～10 min 后,立即放于冰上 5 min,短暂离心。加入 3 μL 上样缓冲液,混匀备用。

(4)将凝胶连同制胶板一同放入电泳槽中,倒入适量 1×MOPS 缓冲液,以溶液刚好没过凝胶表面 1～2 mm 为宜。

(5)RNA 上样前凝胶须预电泳 5 min。随后,将上述混合好的样品溶液加入样品孔中,按照 5~7.5 V/cm 的电压,电泳 1.5~2.0 h,待溴酚蓝迁移至凝胶长度 2/3~4/5 处,结束电泳。

(6)电泳结束后,将凝胶置于紫外成像系统中,成像并分析结果。

五、实验结果与报告

1. 预习作业

植物 RNA 提取前应做哪些方面的准备? 提取 RNA 有哪些步骤? 每一步原理是什么?

2. 结果分析与讨论

(1)实验结果呈现:以琼脂糖凝胶电泳检测图为主,在图上应标注各条泳道的样品名称、DNA marker 名称及其片段大小。分析实验结果,包括:RNA 条带是否正确,样品是否有降解,标注各种 RNA 位置等问题。

(2)根据电泳图谱和 OD 值数据,判断所提取的 RNA 质量和纯度,以及是否满足后续实验要求。

六、思考题

1. 与基因组 DNA 提取相比,RNA 提取的注意事项有哪些? 为什么?

2. 影响 RNA 提取和纯化的因素有哪些?

3. RNA 的吸光度代表什么含义?

实验五　植物细胞中小 RNA 的提取

一、实验目的

1. 了解小 RNA 的基本性质和在生命科学中的应用价值。
2. 学习和掌握从植物细胞中提取小 RNA 的原理与方法。

二、实验原理

小 RNA(small RNA)一类可以转录但不编码蛋白质,具有特定的功能的小分子 RNA,通过对转录后水平或者翻译水平的调控实现对编码蛋白的基因进行调节。小 RNA 是一类长度在 20~24 nt 左右的非编码 RNA,其主要包括了 miRNAs(microRNA)和 siRNAs(small interfering RNAs)。

植物细胞中的小 RNA 在转录和转录后水平上,对组织器官的发育以及逆境的响应相关基因表达调控发挥了非常重要的作用。基因组上 miRNA 的基因首先被 RNA 转录酶Ⅱ(Pol Ⅱ)转录成 primary-miRNA,然后由核糖核酸酶Ⅲ(RNase Ⅲ)加工形成成熟的 miRNAs。miRNAs 从细胞核运输到细胞质后装配到 RNA 介导的干扰复合体上,通过和目标基因近似互补的匹配,实现切割目标基因或者抑制目标基因翻译的生物学功能。植物的 siRNAs 大致可分成重复序列相关 siRNA(ra-siRNAs)、trans-acting siRNA(ta-siRNA)、natural antisense siRNAs(nat-siRNA),以及 double-strand breaks induced small RNA(diRNA)四大类。植物中的异染色质相关 siRNA 通过 RNA 介导的 DNA 甲基化(RdDM)在转录水平上沉默重复序列或者外源 DNA;ta-siRNA 和 nat-siRNA 能调控基因表达响应逆境或者发育信号;而 diRNA 参与了 DNA 双链断裂修复过程。

Trizol 试剂是常用的直接从动植物细胞和组织中提取总 RNA 的即用型试剂,其主要成分是苯酚。苯酚可以将细胞裂解,使其中的蛋白、核酸物质解聚,从而释放 RNA。苯酚虽然可以有效地变性蛋白质,但不能完全抑制 RNase 活性,因此 Trizol 中还添加了 β-羟基喹啉、异硫氰酸胍、β-巯基乙醇等来抑制内源和外源 RNase。Trizol 试剂在破碎和溶解细胞时能保持 RNA 的完整性并释放 RNA,在酸性条件下使 RNA 与 DNA 分离,加入氯仿后离心,样品中的 RNA 被分离溶解于水样层中。收集上层的水样层后,加入异丙醇使 RNA 沉淀,再利用 PEG 和 NaCl 配制的缓冲液,实现小 RNA 的富集,最后,离心取上清液,通过乙醇沉淀获得小 RNA。

三、实验仪器、材料与主要试剂

1. 仪器

液氮罐、研钵、移液器、高速冷冻离心机、涡旋振荡器。

2. 材料

小麦、玉米和水稻等植物的幼嫩组织。

3. 主要试剂

液氮、Trizol、氯仿、异丙醇、无水乙醇、DEPC 处理水、DNase、10 × DNase buffer、RNase 抑制剂、苯酚、乙酸钠、PEG 8000、氯化钠。

小分子 RNA 富集缓冲液配制:将 10.0 g PEG 8000 加入 1 L 1 mol/L NaCl 溶液中。

四、实验步骤

1. 植物总 RNA 提取过程

(1)称取 100 mg 植物样品放入用液氮预冷的研钵中,加少量液氮,迅速研磨至细粉状。

注意:1. 由于样品分离后细胞内 RNase 在短时间内就会被激活,因此 RNA 提取使用的样品必须使新鲜材料,切忌使用反复冻融材料;若分离后的材料无法立即提取,应立即使用液氮冷冻,保存与 −80 ℃ 冰箱内,或将材料储存在 Trizol 中,再放入 −80 ℃ 冰箱保存。2. 植物 RNA 提取中,样品一定要充分研磨成粉末,若样品细胞壁较硬,可加入适量石英砂一同研磨。

(2)将在液氮中研磨成粉末的样品,迅速用药匙转移至含有 1 mL Trizol 的 1.5 mL 离心管中,并立即用振荡器振荡 2 min,使样品快速溶解于裂解液中。

(3)室温下放置 10 min,期间不断振荡,使细胞充分裂解。

注意:RNA 提取的质量和得率与植物细胞是否裂解直接相关。细胞裂解不完全可能导致 RNA 提取得率低,并受到 DNA 和蛋白质的污染。

(4)将上述样品置于离心机中,4 ℃ 下 12 000 g 离心 5 min,将上清液转移到新的 1.5 mL 无 RNase 离心管中。

(5)加入上清 1/5 体积的氯仿,迅速振荡混匀,室温放置 15 min。

注意:①氯仿在 RNA 提取中具有多个作用:变性蛋白,抑制 RNase 活性;抽提水相中的苯酚,避免苯酚破坏 RNA 分子;去除样品中的一些脂溶性杂质,如油脂、脂溶性色素等。②不要使用涡旋振荡器,避免剧烈的振荡使得 DNA 断裂,断裂得 DNA 亲水基团与水相接触会进入水相,污染 RNA。③加入氯仿后手动彻底地混匀,静置使有机相和水相分离。

(6)4 ℃下 12 000 g 离心 15 min,将上层水相转移到新的 1.5 mL 无 RNase 离心管中。

注意:吸取上层水相时必须小心,宁愿少吸一点也不要吸取到中间界面,否则回到至 RNA 样品收蛋白质污染。

(7)向上述溶液中加入等体积的异丙醇,上下颠倒混匀,室温放置 10 min。4 ℃下 12 000 g 离心 10 min,弃上清液,得到 RNA 沉淀。

(8)向沉淀中加入 1 mL 75%乙醇,温和振荡悬浮沉淀。4 ℃下 12 000 g 离心 5 min,尽量弃上清液。

注意:1. 使用 75%乙醇清洗 RNA 沉淀和离心管内壁,可以显著减少提取的 RNA 样品中的盐含量,提高 RNA 质量。2. 弃上清液时,观察白色 RNA 沉淀,防止沉淀被倒掉。也可使用移液器小心将离心管内残余的液体吸出。

(9)室温晾干或真空干燥 5～10 min。

注意:尽量使 RNA 沉淀表面乙醇挥发干净,否则会影响 RNA 溶解和后续实验;也不可太干燥,否则很难再溶解。

(10)向沉淀中加入 80 μL DEPC 处理水溶解 RNA 样品。

注意:RNA 溶解使用的双蒸水或必须是使用 DEPC 处理并高压蒸汽灭菌的。

2. 总 RNA 的纯化

(1)向上述 80 μL 总 RNA 溶液离心管中分别加入 9 μL DNase、10 μL DNase buffer(10×)、1 μL RNase 抑制剂,混匀,37 ℃孵育 1.5 h。

(2)取出后加入 500 μL DEPC 水,300 μL 苯酚、300 μL 氯仿,混匀后,4 ℃下 12 000 g 离心 10 min。

(3)将上清液转移至一个新的 1.5 mL 离心管中,加入等体积氯仿,混匀,4 ℃下 12 000 g 离心 10 min。

(4)将上清液转移至一个新的 1.5 mL 离心管中,再加入 1/10 体积的乙酸钠(3 mol/L,pH 5.2)和 2 倍体积预冷的无水乙醇,−80 ℃过夜。

(5)4 ℃下,12 000 g 离心 10 min 后,弃上清,沉淀用 75%乙醇洗 2 次,晾干,加入 20 μL DEPC 处理水溶解,即得到纯化的总 RNA。

3. 小 RNA 的富集

(1)向总 RNA 中加入等体积小分子 RNA 富集缓冲液,冰上孵育 2 h,4 ℃下 12 000 g 离心 10 min。

(2)将上清液转移至一个新的 1.5 mL 离心管中,加入 2 倍体积的无水乙醇和

1/10 体积的乙酸钠(3 mol/L,pH 5.2),−80 ℃过夜。

(3)4 ℃下 12 000 g 离心 20 min,沉淀即为小 RNA(长度<20),风干后加入 30 μL DEPC 处理水溶解沉淀。

4. 小 RNA 的检测

(1)吸取 1~2 μL RNA 溶液,稀释 200 倍,使用紫外分光光度计分别在 230 nm、260 nm、280 nm 和 310 nm 波长下测量吸光值。其中,OD_{260} 用于估算样品中 RNA 的浓度,1 个 OD_{260} 相当于 40 μg/mL 单链 RNA。因此,RNA 样品浓度 (mg/mL)=(OD_{260}−OD_{310})×40×稀释倍数÷1000。

其中,OD_{260}/OD_{280} 与 OD_{260}/OD_{230} 用于估计 RNA 的纯度。较纯的 RNA 样品中,OD_{260}/OD_{280}≈1.8,OD_{260}/OD_{230}>2。若 OD_{260}/OD_{280}<1.8,说明样品中有蛋白质污染;若 OD_{260}/OD_{230}<2,说明样品去盐不充分,应再用 75%乙醇洗涤。

注意:核酸所含嘌呤和嘧啶分子具有共轭双键,在 260 nm 波长处具有最大吸收峰。蛋白在 280 nm 波长处有最大吸收峰。OD_{230} 则可以评估样品中是否存在,如碳水化合物、多肽、苯酚等污染物。OD_{310} 是背景吸收值。

(2)RNA 完整性检测:用 1%非变性琼脂糖凝胶电泳检测总 RNA 的完整性 (120 V 电压下电泳 30 min),用凝胶成像仪成像,要求总 RNA 样品电泳条带清晰,28S rRNA 条带亮度不低于 18S rRNA 条带亮度。

五、实验结果与报告

1. 预习作业

从小 RNA 的结构和功能以及后续实验要求出发,在提取小 RNA 时应注意哪些问题?

2. 结果分析与讨论

(1)实验结果呈现:以琼脂糖凝胶电泳检测图为主,在图上应标注各条泳道的样品名称、DNA marker 名称及其片段大小。分析实验结果,包括:RNA 条带是否正确,样品是否有降解,标注各种 RNA 位置等问题。

(2)根据电泳图谱和 OD 值数据,判断所提取的小 RNA 是否满足后续实验要求并分析小 RNA 提取质量差的可能原因。

六、思考题

1. 小 RNA 的提取过程中有哪些方法及操作可有效减少 RNA 的降解破坏?

2. 如何判断提取的小 RNA 质量?是否可以满足后续实验使用?

实验六　植物细胞总蛋白质提取与电泳检测

一、实验目的

1. 掌握植物细胞中总蛋白质制备的方法,清楚实验中主要试剂的作用和原理。

2. 掌握 SDS-PAGE 电泳测定蛋白质分子质量的原理和方法。

二、实验原理

蛋白质是一类重要的生物大分子,是生命活动的执行者。在生命科学研究中,蛋白质分离与纯化是一项重要技术,蛋白质组学主要研究细胞中蛋白质的表达情况,包括:蛋白质组成、结构和功能,是研究细胞生命活动的重要手段。植物总蛋白主要包括膜蛋白、细胞骨架蛋白、核蛋白、细胞质蛋白、叶绿体蛋白等。蛋白质的提取包括:材料选择和预处理;细胞破碎与分离;蛋白质提取与纯化;蛋白质浓缩与保存。细胞中的大部分蛋白质可溶于水、稀盐、稀酸或碱溶液,少数与脂类结合的蛋白质则可溶于乙醇、丙酮、丁醇等有机溶剂。蛋白质在稀盐和缓冲系统的水溶液中稳定性好、溶解度也较大,因此它们是提取蛋白质最常用的溶剂。温度高有利于蛋白的溶解、缩短提取时间,但温度升高会使蛋白质变性失活,因此提取蛋白质一般在 4 ℃左右的低温环境中进行。为了减少和避免蛋白质在提取过程中降解,一般可加入蛋白水解酶抑制剂。蛋白质是具有等电点的两性电解质,因此提取介质的 pH 应选择在偏离等电点两侧的 pH 范围内,一般来说,碱性蛋白质用偏酸性的提取液提取,而酸性蛋白质则用偏碱性的提取液提取。稀盐溶液除了可以促进蛋白质溶解,其中的盐离子还可以与蛋白质部分结合,达到保护蛋白质不易变性的优点,因此提取液中一般加入少量 NaCl 等中性盐(0.15 mol/L NaCl)。

在蛋白质研究中,最常用的技术就是蛋白质的聚丙烯酰胺凝胶电泳(polyacrylamide gel electrophoresis,PAGE)。聚丙烯酰胺凝胶是由单体丙烯酰胺(Acr)与交联剂 N,N-亚甲基双丙烯酰胺(甲叉双丙烯酰胺,Bis)在催化剂的作用下聚合交联而成的具有立体网状结构的凝胶。过硫酸铵(APS)是 Acr 和 Bis 聚合反应的催化剂,四甲基乙二胺(TEMED)是辅助催化剂,催化 APS 产生游离自由基。凝胶总浓度和 Acr 与 Bis 的比值决定了凝胶的孔径、机械性能、弹性、透明度、黏度以及聚合程度。凝胶浓度是指 10 mL 凝胶中含 Acr 与 Bis 的质量(单位为 g),交联度是指交联剂 Bis 占单体 Acr 与 Bis 总量的百分数。凝胶浓度越大,胶越硬、易脆裂;凝胶浓度越小,胶越稀软、不易操作。交联度过低,凝胶聚合不良;交联度过高,胶变脆、缺乏弹性。实验中需要根据分离的蛋白分子质量大小,选择合适的凝胶浓度。

十二烷基硫酸钠(sodium dodecyl sulfate,SDS)是强阴离子去垢剂,作为变性剂和助溶试剂,能断裂分子内和分子间的氢键,破坏蛋白质的二、三级结构。而强还原剂,如 β-疏基乙醇、二硫苏糖醇(DTT)能断裂半胱氨酸残基间的二硫键。如在 PAGE 系统中加入还原剂和 SDS 后,分子被解聚成多肽链,解聚后的氨基酸侧链和 SDS 结合成蛋白质-SDS 复合物,携带大量负电荷,消除了不同蛋白分子间的电荷差异和结构差异,使得蛋白质分子的电泳迁移率主要取决于它的分子质量大小,常用 SDS-PAGE 测定蛋白质分子质量。实验证明,蛋白质的分子质量在 15～200 kDa 时,蛋白质的迁移率和分子质量的对数呈线性关系。电泳后,可以利用与蛋白质非特异结合的染色剂,如考马斯亮蓝(coomassie briliant blue)使蛋白质快速显色,观察蛋白质电泳分离效果(考马斯亮蓝染色最低可检测出 0.1 μg 蛋白)。

三、实验仪器、材料与主要试剂

1. 仪器

制冰机、研钵、剪刀、移液器、垂直电泳槽和电泳仪、高速冷冻离心机、通风橱、脱色摇床。

2. 材料

水稻、小麦、玉米等植物的幼嫩叶片。

3. 主要试剂

植物蛋白提取液:称取 8.766 g NaCl,溶解于 800 mL 双蒸水中,加入 50 mL 1 mol/L Tris-HCl(pH 7.5)和 1 mL 0.5 mol/L EDTA(pH 8.0),混匀后定容至 1 L,高压蒸汽灭菌。使用前,每毫升溶液中加 100 μL 10% Triton X-100、5 μL cocktail 和 5 μL MG 132。

1.5 mol/L Tris-HCl(pH 8.8):将 181.6 g 三羟甲基氨基甲烷(Tris)溶解于 800 mL 双蒸水中,用浓盐酸调节 pH 至 8.8,用双蒸水定容至 1 L,高压蒸汽灭菌后,室温保存。

0.5 mol/L Tris-HCl(pH 6.8):将 60.6 g Tris 溶解于 800 mL 双蒸水中,用浓盐酸调节 pH 至 6.8,用双蒸水定容至 1 L,高压蒸汽灭菌后,室温保存。

1.0 mol/L Tris-HCl(pH 7.5):将 121.1 g Tris 溶解于 800 mL 双蒸水中,用

浓盐酸调节 pH 至 7.5,用双蒸水定容至 1 L,高压蒸汽灭菌后,室温保存。

10% SDS:称取 10 g SDS 慢慢转移到含有 90 mL 双蒸水的烧杯中,用磁力搅拌器搅拌至完全溶解,用双蒸水定容至 100 mL。

10% APS:称取 0.1 g 过硫酸铵溶解于 1 mL 双蒸水中,4 ℃保存,使用期限为 2~3 周。

10×SDS-PAGE 电泳缓冲液:称取 30 g Tris,140 g 甘氨酸,10 g SDS,加入 800 mL双蒸水,充分祭散包至完全溶解,用双蒸水定容至 1 L,室温保存。

2×SDS 上样缓冲液:称取 0.2 g SDS,16 mg 溴酚蓝,加入 5 mL 双蒸水,充分振荡溶解,加入 2 mL 0.5 mol/L Tris-HCl(pH 6.8),2 mL 甘油,用双蒸水定容至 10 mL,分装保存(500 μL/管)。使用前,向每管中加入 25 μL β-巯基乙醇

蛋白质染色液:称取 1 g 考马斯亮蓝 R-250,加入 250 mL 异丙醇中,充分溶解,加入 100 mL 冰醋酸,搅拌混匀,用双蒸水定容至 1 L,充分混匀后,用滤纸过滤,室温保存。

脱色液:分别量取 50 mL 乙醇,100 mL 冰醋酸,一个双蒸水定容至 1 L,充分混匀后,室温保存。

30%Acr/Bis(29:1),TEMED,液氮。

四、实验步骤

1. 蛋白提取

(1)称取适量新鲜植物叶片,放入研钵,加液氮研磨充分成粉末。

(2)每克样品粉末,加入 5 mL 植物蛋白提取液,研磨均匀。

(3)用移液器将 1 mL 匀浆液转移到 1.5 mL 离心管中,冰上静置 10 min,4 ℃下,12 000 g 离心 20 min。

(4)用移液器将上清液转移到新的离心管中,即完成蛋白样品制备。

2. SDS-PAGE 电泳

(1)打开夹胶框,将干净的玻璃底板有隔条一面与短玻璃顶板组装成灌胶室,放入夹胶框中,关闭夹胶框夹子。

(2)将夹胶框固定到制胶架上,向两层玻璃中的灌胶室中加入双蒸水,检查灌胶室是否漏水。检查完成后,放在通风橱里准备灌胶。

注意:①玻璃板的放置对于凝胶的制备非常关键,使用前需要彻底清洗玻璃板;②如果玻璃板与夹胶框没有压紧对齐,可能会出现漏胶的现象,因此在灌胶前需要用双蒸水检测灌胶室是否漏水。

(3)根据所需分离的蛋白质分子质量选择适当的分离胶浓度,制备不同浓度的凝胶所需的配方可参考表 6-1。在干净的玻璃小烧杯中,依次加入双蒸水、30%

Acr/Bis(29∶1)、1.5 mol/L Tris-HCl(pH 8.8)以及 10% SDS,轻轻混匀后再加入 10% APS,再次轻轻混匀;最后加入 TEMED,混匀后立即用 1 mL 移液器将上述混匀的分离胶注入胶板空隙中,在分离胶液面上层缓缓加入一层异丙醇或双蒸水,以隔绝空气,将凝胶垂直置于室温下,聚合 30 min 左右。

注意:①未聚合状态的凝胶具有毒性,应注意防护。②一般情况下,溶液 pH 值不准、温度过低、有氧分子或杂质存在时,会延缓凝胶的聚合。因此,为达到较好的凝胶聚合效果,缓冲液的 pH 要准确,10% APS 在一周内使用。③室温较低时, TEMED 的量可加倍。

表 6-1　聚丙烯酰胺浓缩胶及分离胶配方

试剂	浓缩胶	分离胶			
		7.5%	10%	12%	15%
ddH₂O	3.0 mL	4.9 mL	4.0 mL	3.4 mL	2.35 mL
30%Acr/Bis(29∶1)	0.67 mL	2.5 mL	3.3 mL	4.0 mL	4.95 mL
1.5 mol/L Tris-HCl(pH 8.8)	—	2.5 mL	2.5 mL	2.5 mL	2.5 mL
0.5 mol/L Tris-HCl(pH 6.8)	1.25 mL				
10% SDS	50 μL	100 μL	100 μL	100 μL	100 μL
10% APS	25 μL	50 μL	50 μL	50 μL	50 μL
TEMED	15 μL	30 μL	30 μL	30 μL	30 μL

（4）倒出顶层的异丙醇或双蒸水,用滤纸吸净剩余残液。

（5）在通风橱内配制浓缩胶,在干净的玻璃小烧杯中,依次加入双蒸水、30% Acr/Bis(29∶1)、1.5 mol/L Tris-HCl(pH 6.8)以及 10% SDS,轻轻混匀后再加入 10% APS,再次轻轻混匀;最后加入 TEMED,混匀后立即用 1 mL 移液器将上述混匀的浓缩胶加入两玻璃板之间分离胶上层直到玻璃板顶部,检查无气泡后,将对应厚度的梳子插入凝胶中,室温聚合 30 min 左右。

（5）待凝胶完全凝固后,从制胶架上取下凝胶玻璃板,将短玻璃板朝内紧贴硅胶条,固定到电泳芯上,最后将电泳芯放入电泳槽内,在电泳槽内加入 1×SDS-PAGE 电泳缓冲液,电泳芯内缓冲液没过短玻璃板 0.5 cm 以上,电泳槽内缓冲液至少没过硅胶条爪 1.0 cm 以上。小心拔出梳子,准备加样。

（6）吸取 50 μL 蛋白质样品,加入 50 μL 含溴酚蓝的 2×SDS 上样缓冲液,混匀后,于 95 ℃水浴或金属浴中加热 10 min,4 ℃下 12 000 r/min 离心 5 min,取 10 μL 上样。

注意:在实验过程中,实验组与对照组的蛋白需要测定浓度,并保证两组的上样总蛋白含量相等。

（7）蛋白样品加样后，安装上盖，将垂直电泳仪导线插入电泳仪电源。接通电源，打开开关，将电压设定在 80～100 V 进行电泳。当蓝色染料指示的蛋白样品进入分离胶后，将电压调至 120～150 V，继续电泳。当蓝色染料迁移至底部时，电泳结束，关闭电源。

3. 染色、脱色及拍照

（8）将凝胶从玻璃制胶板上剥离，切除浓缩胶部分，将分离胶浸泡在装有染液的平皿中，在脱色摇床上轻轻晃动 30 min。染色结束后，用双蒸水漂洗数次，加入脱色液，在脱色摇床上轻轻地晃动直至出现清晰的蓝色蛋白质条带，拍照保存。

注意：染色液可回收利用，脱色未完全可以更换一次脱色液，重复脱色过程。

五、实验结果与报告

1. 预习作业

SDS-PAGE 电泳分离蛋白质的原理是什么？

2. 结果分析与讨论

实验结果呈现：以 SDS-PAGE 电泳凝胶图为主，在图上应标注各条泳道的样品名称、蛋白 marker 名称及其片段大小。

六、思考题

1. 利用 SDS-PAGE 分离蛋白质为什么要用浓缩胶和分离胶两种凝胶形式？

2. 蛋白质电泳之前为什么需要使用水浴或金属浴加热 10 min？SDS 上样缓冲液中的成分分别具有怎么样的作用？

实验七　细胞质和细胞核蛋白质提取与电泳检测

一、实验目的

1. 了解细胞质与细胞核蛋白质提取方法的原理。
2. 掌握细胞质与细胞核蛋白质提取的方法，清楚实验中主要试剂的作用。
3. 掌握 SDS-PAGE 电泳测定蛋白质分子质量的原理和方法。

二、实验原理

通过细胞质蛋白抽提试剂，利用细胞膜和核膜对不同渗透压的不同反应，首先在低渗透压条件下，使细胞充分膨胀，破坏细胞膜，释放出细胞质蛋白；然后通过离心得到细胞核沉淀；最后通过高盐的细胞核蛋白抽提试剂抽提得到细胞核蛋白。

三、实验仪器、材料与主要试剂

1. 仪器

低温冷冻离心机，移液器，玻璃匀浆器，细胞刮棒。

2. 材料

水稻、小麦、玉米等植物的幼嫩叶片。

3. 主要试剂

细胞核蛋白与细胞质蛋白抽提试剂盒：细胞质蛋白抽提液 I（HEPES、$MgCl_2$、蔗糖、EGTA 等）、细胞质蛋白抽提液 II（DTT、矾酸钠、蛋白酶抑制剂等），细胞核蛋白抽提液（HEPES、NaCl、$MgCl_2$. 甘油、EGTA、DTT 等），苯甲基磺酰氟（phe-nylmethane-sulfonyl fluoride，PMSF），PBS 缓冲液。

四、实验步骤

1. 蛋白提取

(1)室温解冻试剂盒中的三种试剂：细胞质蛋白抽提液 I，细胞质蛋白抽提液 II 和细胞核蛋白抽提液。颠倒混匀后置于冰上备用。取适量的细胞质蛋白抽提液 I 和细胞核蛋白抽提液，在使用前数分钟内加入 PMSF，使 PMSF 的最终浓度为1 mmol/L。

(2)收集细胞或组织样本

① 贴壁细胞:用 PBS 缓冲液洗一遍,用细胞刮棒刮下细胞,或用 EDTA 溶液处理细胞尽量避免用胰蛋白酶消化细胞,以免胰蛋白酶降解目的蛋白。离心收集细胞,弃上清液。

② 悬浮细胞:用 PBS 缓冲液洗一遍,离心收集细胞,弃上清液。

③ 新鲜组织:把组织尽可能切成非常细小的碎片。将 30～60 mg 组织样品按照 20∶1 的比例混合适当量的细胞质蛋白抽提液Ⅰ和Ⅱ。并加入 PMSF 至最终浓度为 1 mmol/L 配制成组织匀浆液。按照每 60 mg 组织加入 200 μL 组织浆液的比例混合组织和组织匀浆液并在玻璃匀浆器内充分匀浆。匀浆需在冰浴或 4 ℃进行。然后把浆液转移到离心管内,冰浴 15 min。4 ℃ 1 500 g 离心 5 min。小心将上清液转移至一个预冷的离心管中,为抽提得到的部分细胞质蛋白。

注意:蛋白质的提取过程需在低温下操作,避免蛋白质降解。

(3)每 20 μL 细胞或组织沉淀加入 200 μL 添加了 PMSF 的细胞质蛋白抽提液Ⅰ($2×10^6$ 个 HeLa 细胞,其细胞沉淀的体积大约为 20 μL 或 40 mg)。

注意:PMSF 一定要在抽提试剂加入样品中前 2～3 min 内加入,以免 PMSF 在水溶液中很快失效。

(4)剧烈振荡 5 s,使细胞沉淀完全悬浮并分散,冰浴 10～15 min。

(5)加入细胞质蛋白抽提液Ⅱ 10 μL。剧烈振荡 5 s,冰浴 1 min。

(6)剧烈振荡 5 s,4 ℃ 12 000～16 000 g,离心 5 min。

(7)立即吸取上清液至一个预冷的离心管中,即为抽提得到的细胞质蛋白。可立即使用或于 -80 ℃保存备用。

注意:抽提的细胞质蛋白和核蛋白均要分装后冻存,避免反复冻融。

(8)完全吸尽残余的上清液,将剩余沉淀加入 50 μL 添加了 PMSF 的细胞核蛋白抽提液。

(9)剧烈振荡 15～30 s,使细胞沉淀完全悬浮并分散。冰浴 30 min,其中每隔 1～2 min 剧烈振荡 15～30 s。

(10)4 ℃ 12 000～16 000 g,离心 10 min。

(11)立即吸取上清液至一个预冷的离心管中,即为抽提得到的细胞核蛋白。可立即使用或于 -80 ℃保存备用。

2. SDS-PAGE 电泳

(1)打开夹胶框,将干净的玻璃底板有隔条一面与短玻璃顶板组装成灌胶室,放入夹胶框中,关闭夹胶框夹子。

(2)将夹胶框固定到制胶架上,向两层玻璃中的灌胶室中加入双蒸水,检查灌胶室是否漏水。检查完成后,放在通风橱里准备灌胶。

注意:1. 玻璃板的放置对于凝胶的制备非常关键,使用前需要彻底清洗玻璃板;2. 如果玻璃板与夹胶框没有压紧对齐,可能会出现漏胶的现象,因此在灌胶前需要用双蒸水检测灌胶室是否漏水。

(3)根据所需分离的蛋白质分子质量选择适当的分离胶浓度,制备不同浓度的凝胶所需的配方可参考表 7-1。在干净的玻璃小烧杯中,依次加入双蒸水、30% Acr/Bis(29:1)、1.5 mol/L Tris-HCl(pH 8.8)以及 10% SDS,轻轻混匀后再加入 10% APS,再次轻轻混匀;最后加入 TEMED,混匀后立即用 1 mL 移液器将上述混匀的分离胶注入胶板空隙中,在分离胶液面上层缓缓加入一层异丙醇或双蒸水,以隔绝空气,将凝胶垂直置于室温下,聚合 30 min 左右。

注意:①未聚合状态的凝胶具有毒性,应注意防护。②一般情况下,溶液 pH 值不准、温度过低、有氧分子或杂质存在时,会延缓凝胶的聚合。因此,为达到较好的凝胶聚合效果,缓冲液的 pH 要准确,10% APS 在一周内使用。③室温较低时,TEMED 的量可加倍。

表 7-1　聚丙烯酰胺浓缩胶及分离胶配方

试剂	浓缩胶	分离胶			
		7.5%	10%	12%	15%
ddH$_2$O	3.0 mL	4.9 mL	4.0 mL	3.4 mL	2.35 mL
30%Acr/Bis(29:1)	0.67 mL	2.5 mL	3.3 mL	4.0 mL	4.95 mL
1.5 mol/L Tris-HCl(pH 8.8)	—	2.5 mL	2.5 mL	2.5 mL	2.5 mL
0.5 mol/L Tris-HCl(pH 6.8)	1.25 mL	—	—	—	—
10% SDS	50 μL	100 μL	100 μL	100 μL	100 μL
10% APS	25 μL	50 μL	50 μL	50 μL	50 μL
TEMED	15 μL	30 μL	30 μL	30 μL	30 μL

(4)倒出顶层的异丙醇或双蒸水,用滤纸吸净剩余残液。

(5)在通风橱内配制浓缩胶,在干净的玻璃小烧杯中,依次加入双蒸水、30% Acr/Bis(29:1)、1.5 mol/L Tris-HCl(pH 6.8)以及 10% SDS,轻轻混匀后再加入 10% APS,再次轻轻混匀;最后加入 TEMED,混匀后立即用 1 mL 移液器将上述混匀的浓缩胶加入两玻璃板之间分离胶上层直到玻璃板顶部,检查无气泡后,将对应厚度的梳子插入凝胶中,室温聚合 30 min 左右。

(5)待凝胶完全凝固后,从制胶架上取下凝胶玻璃板,将短玻璃板朝内紧贴硅胶条,固定到电泳芯上,最后将电泳芯放入电泳槽内,在电泳槽内加入 1×SDS-

PAGE 电泳缓冲液,电泳芯内缓冲液没过短玻璃板 0.5 cm 以上,电泳槽内缓冲液至少没过硅胶条爪 1.0 cm 以上。小心拔出梳子,准备加样。

（6）吸取 50 μL 蛋白质样品,加入 50 μL 含溴酚蓝的 2×SDS 上样缓冲液,混匀后,于 95 ℃ 水浴或金属浴中加热 10 min,4 ℃ 下 12 000 r/min 离心 5 min,取 10 μL 上样。

注意:在实验过程中,实验组与对照组的蛋白需要测定浓度,并保证两组的上样总蛋白含量相等。

（7）蛋白样品加样后,安装上盖,将垂直电泳仪导线插入电泳仪电源。接通电源,打开开关,将电压设定在 80～100 V 进行电泳。当蓝色染料指示的蛋白样品进入分离胶后,将电压调至 120～150 V,继续电泳。当蓝色染料迁移至底部时,电泳结束,关闭电源。

3. 染色、脱色及拍照

（8）将凝胶从玻璃制胶板上剥离,切除浓缩胶部分,将分离胶浸泡在装有染液的平皿中,在脱色摇床上轻轻晃动 30 min。染色结束后,用双蒸水漂洗数次,加入脱色液,在脱色摇床上轻轻地晃动直至出现清晰的蓝色蛋白质条带,拍照保存。

注意:染色液可回收利用,脱色未完全可以更换一次脱色液,重复脱色过程。

五、实验结果与报告

1. 预习作业
SDS-PAGE 电泳分离蛋白质的原理是什么?

2. 结果分析与讨论
实验结果呈现:以 SDS-PAGE 电泳凝胶图为主,在图上应标注各条泳道的样品名称、蛋白 marker 名称及其片段大小。

六、思考题

1. 利用 SDS-PAGE 分离蛋白质为什么要用浓缩胶和分离胶两种凝胶形式?

2. 蛋白质电泳之前为什么需要使用水浴或金属浴加热 10 min? SDS 上样缓冲液中的成分分别具有怎么样的作用?

实验八　细胞膜蛋白质提取与电泳检测

一、实验目的

1. 了解细胞质与细胞膜蛋白质提取方法的原理,清楚实验中主要试剂的作用。

2. 掌握 SDS-PAGE 电泳测定蛋白质分子质量的原理和方法。

二、实验原理

通过温和的去污剂对细胞进行透膜处理,使细胞释放可溶性细胞溶质蛋白,然后再使用第二种去污剂溶解膜蛋白。提取效率和得率取决于细胞类型以及整合膜蛋白在脂质双层上的跨膜次数。对于含有一个或多个跨膜结构域的膜蛋白,提取效率通常可达到 90%。一般主要从培养的哺乳动物细胞或组织中富集内在膜蛋白和膜联蛋白。

三、实验仪器、材料与主要试剂

1. 仪器

低温冷冻离心机,移液器,涡旋振荡仪,控温搅拌器,细胞刮棒。

2. 材料

培养的哺乳动物细胞或组织。

3. 主要试剂

膜蛋白提取试剂盒:透化缓冲液(毛地黄皂苷提取缓冲液)、增溶缓冲液(Triton X - 100 提取缓冲液),蛋白酶抑制剂,磷酸酶抑制剂,PBS 缓冲液。

四、实验步骤

1. 膜蛋白提取

(1)室温解冻试剂盒中的透化缓冲液置于冰上备用。使用前在透化缓冲液和增溶缓冲液中加入蛋白酶抑制剂和磷酸酶抑制剂。

注意:透化缓冲液需要储存在 −20 ℃。

(2)收集细胞

① 贴壁细胞:用细胞刮棒将细胞从平板表面刮下,将 $5×10^6$ 个细胞用生长培养基重悬 300 g 离心 5 min 收集细胞,弃上清液。

② 悬浮细胞:300 g 离心 5 min 收集 $5×10^6$ 个细胞,弃上清液。

(3)加入 3 mL PBS 缓冲液清洗细胞沉淀,300 g 离心 5 min。

(4)小心吸弃上清液。加入 1.5 mL,细胞清洗液将细胞重悬。300 g 离心 5 min,弃上清液。

(5)加入 0.75 mL 已添加蛋白酶抑制剂和磷酸酶抑制剂的透化缓冲液。短暂涡旋以获得均质的细胞悬液。在持续混匀条件下在 4 ℃ 孵育 10 min。

(6)16 000 g 离心 15 min。小心去掉含有细胞胞质蛋白的上清液并转移到一个新离心管中,置冰上备用。

注意:透化后的细胞上清液要去除完全,避免胞质提取物的污染。

(7)加入 0.5 mL 已添加蛋白酶抑制剂和磷酸酶抑制剂的增溶缓冲液,将细胞吸打混匀,在持续混匀条件下于 4 ℃ 孵育 30 min。

(8)4 ℃ 16 000 g 离心 15 min。将含有可溶性膜蛋白和膜相关蛋白的上清液转移到一个新的离心管中。置冰上备用。

(9)在冰上的胞质组分和膜组分可以立即使用,或者分装后储存在 −80 ℃ 条件下备用。

2. SDS-PAGE 电泳

(1)打开夹胶框,将干净的玻璃底板有隔条一面与短玻璃顶板组装成灌胶室,放入夹胶框中,关闭夹胶框夹子。

(2)将夹胶框固定到制胶架上,向两层玻璃中的灌胶室中加入双蒸水,检查灌胶室是否漏水。检查完成后,放在通风橱里准备灌胶。

注意:1. 玻璃板的放置对于凝胶的制备非常关键,使用前需要彻底清洗玻璃板;2. 如果玻璃板与夹胶框没有压紧对齐,可能会出现漏胶的现象,因此在灌胶前需要用双蒸水检测灌胶室是否漏水。

(3)根据所需分离的蛋白质分子质量选择适当的分离胶浓度,制备不同浓度的凝胶所需的配方可参考表 8 − 1。在干净的玻璃小烧杯中,依次加入双蒸水、30% Acr/Bis(29∶1)、1.5 mol/L Tris-HCl(pH 8.8)以及 10% SDS,轻轻混匀后再加入 10% APS,再次轻轻混匀;最后加入 TEMED,混匀后立即用 1 mL 移液器将上述混匀的分离胶注入胶板空隙中,在分离胶液面上层缓缓加入一层异丙醇或双蒸水,以隔绝空气,将凝胶垂直置于室温下,聚合 30 min 左右。

注意:①未聚合状态的凝胶具有毒性,应注意防护。②一般情况下,溶液 pH

值不准、温度过低、有氧分子或杂质存在时,会延缓凝胶的聚合。因此,为达到较好的凝胶聚合效果,缓冲液的 pH 要准确,10% APS 在一周内使用。③室温较低时,TEMED 的量可加倍。

表 8-1　聚丙烯酰胺浓缩胶及分离胶配方

试剂	浓缩胶	分离胶			
		7.5%	10%	12%	15%
ddH$_2$O	3.0 mL	4.9 mL	4.0 mL	3.4 mL	2.35 mL
30% Acr/Bis(29∶1)	0.67 mL	2.5 mL	3.3 mL	4.0 mL	4.95 mL
1.5 mol/L Tris-HCl(pH 8.8)	—	2.5 mL	2.5 mL	2.5 mL	2.5 mL
0.5 mol/L Tris-HCl(pH 6.8)	1.25 mL				
10% SDS	50 μL	100 μL	100 μL	100 μL	100 μL
10% APS	25 μL	50 μL	50 μL	50 μL	50 μL
TEMED	15 μL	30 μL	30 μL	30 μL	30 μL

(4)倒出顶层的异丙醇或双蒸水,用滤纸吸净剩余残液。

(5)在通风橱内配制浓缩胶,在干净的玻璃小烧杯中,依次加入双蒸水、30% Acr/Bis(29∶1)、1.5 mol/L Tris-HCl(pH 6.8)以及 10% SDS,轻轻混匀后再加入 10% APS,再次轻轻混匀;最后加入 TEMED,混匀后立即用 1 mL 移液器将上述混匀的浓缩胶加入两玻璃板之间分离胶上层直到玻璃板顶部,检查无气泡后,将对应厚度的梳子插入凝胶中,室温聚合 30 min 左右。

(5)待凝胶完全凝固后,从制胶架上取下凝胶玻璃板,将短玻璃板朝内紧贴硅胶条,固定到电泳芯上,最后将电泳芯放入电泳槽内,在电泳槽内加入 1×SDS-PAGE 电泳缓冲液,电泳芯内缓冲液没过短玻璃板 0.5 cm 以上,电泳槽内缓冲液至少没过硅胶条爪 1.0 cm 以上。小心拔出梳子,准备加样。

(6)吸取 50 μL 蛋白质样品,加入 50 μL 含溴酚蓝的 2×SDS 上样缓冲液,混匀后,于 95 ℃ 水浴或金属浴中加热 10 min,4 ℃ 下 12 000 r/min 离心 5 min,取 10 μL 上样。

注意:在实验过程中,实验组与对照组的蛋白需要测定浓度,并保证两组的上样总蛋白含量相等。

(7)蛋白样品加样后,安装上盖,将垂直电泳仪导线插入电泳仪电源。接通电源,打开开关,将电压设定在 80~100 V 进行电泳。当蓝色染料指示的蛋白样品进入分离胶后,将电压调至 120~150 V,继续电泳。当蓝色染料迁移至底部时,电泳结束,关闭电源。

3. 染色、脱色及拍照

（8）将凝胶从玻璃制胶板上剥离，切除浓缩胶部分，将分离胶浸泡在装有染液的平皿中，在脱色摇床上轻轻晃动 30 min。染色结束后，用双蒸水漂洗数次，加入脱色液，在脱色摇床上轻轻地晃动直至出现清晰的蓝色蛋白质条带，拍照保存。

注意：染色液可回收利用，脱色未完全可以更换一次脱色液，重复脱色过程。

五、实验结果与报告

1. 预习作业

SDS-PAGE 电泳分离蛋白质的原理是什么？

2. 结果分析与讨论

实验结果呈现：以 SDS-PAGE 电泳凝胶图为主，在图上应标注各条泳道的样品名称、蛋白 marker 名称及其片段大小。

六、思考题

1. 利用 SDS-PAGE 分离蛋白质为什么要用浓缩胶和分离胶两种凝胶形式？

2. 蛋白质电泳之前为什么需要使用水浴或金属浴加热 10 min？SDS 上样缓冲液中的成分分别具有怎么样的作用？

实验九　重组蛋白的提取和纯化

一、实验目的

1. 了解原核与真核蛋白质表达载体的定义与区别。
2. 熟悉大肠杆菌表达系统的工作原理与操作过程。
3. 掌握携带 GST 融合标签的重组蛋白分离与纯化的原理与步骤。

二、实验原理

　　蛋白质表达载体一般分为原核表达载体与真核表达载体两种，其选择取决于所合成的蛋白质的用途和特性。如果所合成的蛋白质能够在大肠杆菌中可溶性表达，就可以选择大肠杆菌作为宿主系统，分离到大量正确折叠并有活性的蛋白质。如果蛋白质需要进行翻译后修饰（如磷酸化、甲基化、糖基化等），则需要选择真核表达系统。

　　目前对于大多数研究人员来说，用于重组蛋白生产的首选宿主系统是大肠杆菌表达系统，该系统背景清楚，具有目的基因表达水平高、培养周期短、生长容易、抗污染能力强等特点。将携带有目的蛋白基因的质粒转入到大肠杆菌之中，在异丙基-β-D-硫代半乳糖苷（IPTD）诱导下，能过量表达融合标签蛋白的重组蛋白。常见的融合标签有谷胱甘肽-S 转移酶（glutathione S-transferase，GST）、多聚组氨酸（His）、体内生物素标记肽、Flag 肽等。

　　GST 对底物谷胱甘肽（GSH）的亲和力是亚摩尔级的。将 GSH 固化于琼脂糖形成的亲和层析树脂上，带有 GST 标签的蛋白与琼脂糖介质上的 GSH 通过硫键共价结合，理论上每毫升柱体积的树脂能够结合约 8 mg 的融合蛋白。由于这种结合是可逆性的，目标融合蛋白可被含游离还原型 GSH 的缓冲液洗脱下来；而在洗脱 GST 标签蛋白之前，杂蛋白可通过结合缓冲液被洗脱去除，该方法可快速大量纯化 GST 融合蛋白。不足的是，GST 分子质量较大（26 kDa），可能会影响目标蛋白的活性，因此有些实验需要切除 GST 标签蛋白。

　　His 标签大多数是连续的 6 个组氨酸融合于目标蛋白的 N 端或 C 端，通过 His 与金属离子 Ni 的螯合来实现分离纯化。与 GST 相比，His 标签分子质量较小,融合于目标蛋白的 N 端或 C 端一般不影响目标蛋白的活性,因此纯化过程中大多不需要切除。

三、实验仪器、材料与主要试剂

1. 仪器

微量移液器、灭菌 50 mL 离心管、灭菌 1.5 ml 离心管、灭菌枪头。超声波破碎仪、高速冷冻离心机、低温层析柜、旋涡振荡器、紫外分光光度计、垂直电泳仪,电泳仪电源、通风橱、脱色摇床、凝胶成像仪。

2. 材料

经 IPTG 诱导后的大肠杆菌菌液。

3. 主要试剂

GST 亲和层析介质、空层析柱、双蒸水、冰。

PBS 缓冲液:准确称取 8 g 氯化钠,0.2 g 氯化钾,1.42 g 磷酸氢二钠,0.27 g 磷酸二氢钾,加入月 800 mL 双蒸水充分溶解,滴加浓盐酸调节 pH 至 7.4,用双蒸水定容至 1 L。121 ℃灭菌 20 分钟,室温保存。

PDT 缓冲液:在 100 mL PBS 缓冲液中加入 1 mL 10% Triton X-100 和 100 μL DTT。

洗脱液:称取 0.15 g 还原型谷胱甘肽,溶解于 40 mL 双蒸水中,加入 2.5 mL 1 mol/L Tris-HCl(pH 8.0),用双蒸水定容至 500 mL,现配现用。

四、实验步骤

1. 表达载体的构建和重组蛋白的诱导表达

根据实际需求,选择合适的蛋白质表达载体(如 pGEX4T-3)和相应的宿主菌株(如 DH5α),通过 PCR、酶切、连接等过程,克隆目的基因、构建蛋白质表达载体,并测序验证,确保可读框正确。构建好的重组质粒在大肠杆菌或其他宿主系统中进行诱导表达。以大肠杆菌原核表达系统为例,首先将构建好的重组质粒转化大肠杆菌原核表达菌株(如 DH5α),挑选阳性单克隆,接种到 LB 液体培养基中,进行 IPTG 诱导,选择诱导效果好的克隆进行下一步扩大培养。待菌液浓度达到 OD$_{600}$ 在 0.4～0.6 时,取出 1 mL 于 1.5 ml 离心管中,作为未诱导的菌液对照;其余菌液中加入适量的 IPTG(加至终浓度 0.5 mmol/L),继续 28 ℃振荡培养 4 h 或者 18 ℃过夜培养。

2. 重组蛋白的收集

(1)收集 20 mL 菌液于 50 mL 离心管中,4 ℃下 8 000 r/min 离心 10 min,弃上清液,收集沉淀。

注意:收集的菌体立即实验,或者放入－80 ℃冷冻保存。

(2)加入 10 mL 冰浴的 PBS 缓冲液洗涤菌体,反复吸打将菌体悬浮,4 ℃下 12 000 r/min离心 10 min,弃上清液。

注意:1. PBS 缓冲液需提前冰浴 30 min;2. 菌体沉淀充分分散至没有沉淀结块。

(3)用 5 mL 冰浴的 PDT 缓冲液,反复吸打重悬菌体。

注意:1. PDT 缓冲液需提前冰浴 30 min;2. 菌体沉淀充分分散至没有沉淀结块。

(4)将菌液置于冰上,进行超声波破碎直至菌液澄清透亮,超声波破碎的条件为功率 30 W,处理 7 s,间隔 7 s,处理 5～20 min。

注意:1. 用超声波破碎细胞时,要温和,防止整个体系过热,破碎条件以菌体不发热为宜,不能使蛋白质断裂或降解。为防止处理过程中蛋白质被蛋白酶降解,可在反应系中加入 PMSF 等蛋白酶抑制剂。2. 整个操作应在冰上进行,破碎时要有一定的时间间隔,破碎总耗时不可太长。

(5)将破碎后的液体于 4 ℃ 12 000 r/min 离心 10 min,收集上清液待用。向沉淀中加入 5 mL PBS,涡旋振荡以充分悬浮细胞沉淀,制成蛋白质样品,后续检测待用。

3. 可溶性蛋白的纯化

(1)温和地混匀 GST 亲和层析介质(4 ℃保存),将 1 mL 枪头尖端剪去,用微量移液器吸取 50 μL 介质悬浮液装入空层析柱中,将层析柱扁头轻轻折断,室温静置数分钟,使液体慢慢流出,介质自然重力沉降。

(2)加入 3 mL 预冷的 PBS 缓冲液,洗涤 GST 亲和层析介质,静置使液体慢慢流出。

(3)重复步骤 2,进行 2～3 次,平衡层析介质。

(4)盖紧底部黄盖子,剪去 1 mL 枪头尖端,用微量移液器加入 3 mL 待纯化的上清蛋白溶液(在诱导蛋白收集第 5 步获得,保存 10 μL 用于后续 SDS-PAGE 分析),并轻轻吸吐,使目的蛋白充分结合在柱子上,盖上上端的盖子。

(5)在 4 ℃低温层析柜中,旋转混匀孵育 30～60 min。

(6)从旋转混匀仪上取下层析柱,打开上面的盖子、取下底部黄盖子,让液体缓慢流出;盖上黄盖子,加入 5 mL 预冷的 PBS 缓冲溶液,盖上上端的盖子,轻轻混匀,然后打开上面的盖子和底部黄盖子,让液体流出。

(7)重复步骤(6),进行 2～3 次,洗脱杂蛋白。

(8)盖紧底部黄盖子,加入 50 μL 洗脱液洗脱结合蛋白,盖上上端的盖子,于 4 ℃低温层析柜孵育 10～20 min,并不时轻轻摇动混匀。

（9）打开盖子，用 1.5 mL 离心管收集流出的洗脱液。

（10）重复步骤 8～9，洗脱并收集结合蛋白。

注意：谷胱甘肽通常有氧化型 GSSG 和还原型 GSH，当我们用含有游离 GSH 的洗脱液洗脱时 GSH 会与琼脂糖凝胶上的谷胱甘肽竞争性结合 GST 标签融合蛋白，从而将目标蛋白洗脱下来。

如果需要将 GST 标签从目的蛋白上切除，可将蛋白酶结合到层析柱上，在标签蛋白与 GSH 结合时使用蛋白酶位点特异性切制，也可在洗脱之后再酶切。

（11）吸取收集的结合蛋白，用紫外分光光度计在 280 nm 波长下测量吸光值。

注意：建议将纯化蛋白少量、多管分装，液氮速冻后保存于－80 ℃备用，以避免使用时反复冻融。

（12）分别取纯化蛋白、未纯化的蛋白上清液和蛋白沉淀重悬液 10 μL，加入 10 μL 2×SDS 上样缓冲液，混匀，于 95 ℃ 水浴或金属浴加热 10 min，4 ℃ 12 000 r/min 离心 5 min，取 10 μL 作 SDS-PAGE 凝胶电泳检测分析，鉴定纯化效果。

4. 层析柱的保存

装载了 GST 亲和层析介质的层析柱可以多次重复使用，用含还原型谷胱甘肽的洗脱液洗脱后，再用 PBS 缓冲液洗涤两次，加入 5 mL 20％乙醇，4 ℃保存。

五、实验结果与报告

1. 简述实验原理与流程。

2. 分析实验结果。

3. 讨论蛋白质纯化过程中应该注意的问题。

六、思考题

1. 利用超声波破碎的方法获得细胞提取物，应该注意什么？还有什么方法可以获得细胞提取物？

2. 分析 SDS-PAGE 检测纯化的蛋白质时，出现较多杂蛋白的原因。

实验十 质粒 DNA 的限制性内切酶酶切及鉴定

一、实验目的

1. 了解限制性内切酶及酶切的条件。
2. 学会分析质粒 DNA 的酶切图谱,系统掌握琼脂糖凝胶电泳的基本技术。

二、实验原理

限制性核酸内切酶(restriction endonuclease,RE),简称限制性内切酶,是一类能识别双链 DNA 中特定核苷酸序列并在特定位点通过水解磷酸二酯键切割双链 DNA 的核酸水解酶。限制性内切酶是在研究细菌对噬菌体的限制和修饰现象中发现的。细菌细胞内同时存在一对酶,分别为限制性内切酶(限制作用)和 DNA 甲基化酶(修饰作用)。它们对 DNA 底物有相同的识别顺序,但生物功能却相反。由于细胞内存在 DNA 甲基化酶,它能对自身 DNA 上的若干碱基进行甲基化,从而避免了限制性内切酶对其自身 DNA 的切割破坏,而感染的外来噬菌体 DNA,因无甲基化而被切割。

根据酶的识别切割特性、催化条件及是否具有修饰酶活性,限制性内切酶可分为 Ⅰ、Ⅱ、Ⅲ 型。Ⅰ型限制性内切酶具有限制性酶切和甲基化活性,识别切割位点与识别位点间的间距不定。Ⅱ型限制性内切酶只具有限制性酶切活性,可以特异性识别回文序列。Ⅲ型限制性内切酶也具有限制性和甲基化活性,可以识别短的不对称序列。其中 Ⅱ 型限制性内切酶是 DNA 体外重组中最为常用的关键工具酶。该酶识别的回文序列一般为 4~6 bp,且往往富含 GC 序列。同时,该酶可以使 DNA 磷酸二酯键断裂,在切割位点生成 5′磷酸基和 3′羟基末端,反应过程需要 Mg^{2+}。DNA 经酶切消化后,会产生 3 种不同的特异 DNA 末端:5′黏性末端、3′黏性末端和平末端。

目前已发现的限制性内切酶有数百种。EcoRI 和 $Hind$Ⅲ 都属于 Ⅱ型限制性内切酶,具有能够识别双链 DNA 分子上的特异核苷酸顺序的能力,能在这个特异性核苷酸序列内,切断 DNA 的双链,形成一定长度和顺序的 DNA 片段。EcoRI 和 $Hind$Ⅲ 识别的核苷酸序列和切口(↓ 表示酶切口)是:

$EcoRI$ 识别顺序:5′—G↓AATT C—3′

$Hind$Ⅲ 识别顺序:5′—A↓AGCT T—3′

限制性内切酶对环状质粒 DNA 有多少个切口,就能产生多少个酶解片段,因此通过鉴定酶切后的片段在电泳凝胶中的区带数,就可以推断质粒 DNA 上酶切口的数目,从片段的迁移率可以大致判断酶切片段大小的差别。用已知相对分子质量的线状 DNA 为对照,通过电迁移率的比较,可以粗略地测出分子形状相同的未知 DNA 的相对分子质量。我们采用 $EcoRI$ 和 $Hind$Ⅲ 分别酶切 λDNA,其酶切片段作为样品酶切片段大小的相对分子质量标准,参见表 10-1、表 10-2。

表 10-1 λDNA-EcoRI 酶切片段

片段	碱基对数目/kb	相对分子质量	片段	碱基对数目/kb	相对分子质量
1	21.226	13.7×10^7	4	5.643	3.48×10^6
2	7.421	4.74×10^6	5	4.878	3.02×10^6
3	5.804	3.73×10^6	6	3.530	2.13×10^6

表 10-2 λDNA-HindⅢ 酶切片段

片段	碱基对数目/kb	相对分子质量	片段	碱基对数目/kb	相对分子质量
1	23.130	15.0×10^6	5	2.322	1.51×10^6
2	9.419	6.12×10^6	6	2.028	1.32×10^6
3	6.557	4.26×10^6	7	0.564	0.37×10^6
4	4.371	2.84×10^6	8	0.125	0.08×10^6

质粒的加工需要工具酶,限制性内切酶是重要的工具酶之一。将质粒和外源基因用限制性内切酶酶切,再经过退火和 DNA 连接酶封闭切口,便可获得携带外源基因的重组质粒。重组质粒可以转移到另一个生物细胞中(细胞转化或转染),进而复制、转录和表达外源基因产物。这样通过基因工程可获得所需各种蛋白质产物。

三、实验仪器、材料与主要试剂

1. 仪器

1.5 mL 灭菌离心管,0.5 mL 灭菌离心管,离心管架(30 孔),20 μL、200 μL、1 000 μL 微量移液器各 1 支,锥形瓶,电泳仪,电泳槽,台式高速离心机,台式高速冷冻离心机,凝胶自动成像仪。

2. 材料

自提 pUC19 质粒和市场购买的 pUC19 质粒，EcoRI 内切酶，λDNA＋HindⅢ 酶切的分子大小标准，琼脂糖，双蒸水。

3. 主要试剂

EcoRI 酶解反应液（10×）：1 mol/L Tris-HCl（pH 7.5），0.5 mol/L NaCl，0.1 mol/L $MgCl_2$。

HindⅢ 酶解反应液（10×）：1 mol/L Tris-HCl（pH 7.4），1 mol/L NaCl，0.07 mol/L $MgCl_2$。

5×TBE 缓冲液：精确称取 Tris 54 g，硼酸 27.5 g 溶于 800 mL 双蒸水中，加入 EDTA-Na_2 3.5 g，用双蒸水定容至 1 L，4 ℃保存备用。将 5×TBE 缓冲液稀释为 0.5×TBE 缓冲液。

酶反应终止液（10×）：两种反应终止液可供选择。

(1)0.1 mol/L EDTA-Na_2，20% Ficoll，适量橙 G。

(2)0.25%溴酚蓝，0.25%二甲苯 FF（或二甲苯蓝），40%（m/V）蔗糖水溶液（或用 30%蔗糖水溶液）。

四、实验步骤

1. 质粒 DNA 的酶解

(1)将自制的 pUC19 粒 DNA 溶解于含 RNase A 的无菌水中，使 DNA 完全溶解，使用紫外检测仪检测质粒 DNA 的浓度，使其终浓度为 0.1 μg/μL。

(2)将清洁、干燥、无菌的具塞离心小管编号，用微量加样器按表 10-3 所示将各种试剂分别加入每个小管内。

注意：在各种试剂中 λDNA＋*Hind*Ⅲ 为 0.1 μL；市售质粒为 0.1 μg/μL；自提 pUC19 为 0.1 μg/μL；内切酶 *Eco*RI 的活性为 4.0 U/μL。所加酶缓冲液为 10× 缓冲液。

表 10-3 质粒 DNA 酶切的反应成分及加样量

	1	2	3	4	5	6	7
市售 pUC19(0.1 μg/μL)/μL				3	3		
自提 pUC19(0.1 μg/μL)/μL	6	6				6	6
λDNA＋HindⅢ(0.1 μg/μL)/μL			4				
EcoRI(4.0 U/μL)/μL	2			2		2	
缓冲液(5×)/μL	2	2	2	2	2	2	2

(续表)

	1	2	3	4	5	6	7
H$_2$O/μL		2	4	3	5		2
总体积/μL	10	10	10	10	10	10	10

(3)加样时,要精神集中,严格操作,反复核对,做到准确无误。

注意:加样时不仅要防止错加或漏加的现象,而且还要保持公用试剂的纯净。

(4)加样后,小心混匀,置于 37 ℃水浴中,酶解 2~3 h(有时可以过夜)。

2. 琼脂糖凝胶电泳检测

(1)取一个干净的 250 mL 锥形瓶,称取 0.5 g 琼脂糖,加入 1×TAE 电泳缓冲液 50 mL(即为 1‰琼脂糖溶液),混匀。

(2)用微波炉加热,充分融化。

注意:避免使用猛火过长时间加热,以防暴沸和溢出。加热过程中可暂停,多次加热,小心摇匀。熔化好的琼脂糖溶液澄清透明。

(3)准备胶板,插上梳子。待溶液冷却至 60 ℃左右时,向锥形瓶中加入 1~2 μL EB(或按比例加入其他荧光染料),轻轻摇晃混匀,将溶液缓缓倒入制胶板中。室温放置约 30 min,待完全冷却凝固后,拔出梳子。

(4)将凝胶连同制胶板一同放入电泳槽中,倒入适量 1×TAE 电泳缓冲液,以溶液刚好没过凝胶表面 1~2 mm 为宜。

(5)取 2~5 μL DNA 溶液与 1~2 μL 6×上样缓冲液混合均匀,加入样品孔中,55 V 电泳 40 min,待溴酚蓝迁移至凝胶长度 2/3~4/5 处,结束电泳。

注意:点样时,枪头尖插到点样孔的中下部,使点样液缓慢排出。枪头拔出液面时才松开按压移液器的拇指。电泳时,琼脂糖凝胶的点样孔一侧靠近黑色的负极。

(6)电泳结束后,将凝胶置于紫外成像系统中,成像并分析结果。

五、实验结果与报告

1. 简述限制性内切酶酶切原理与流程。

2. 分析实验结果。

六、思考题

1. 为什么 DNA 电泳速度为共价闭环 DNA>直线 DNA>开环的双链环状 DNA,酶切后只剩下单一的直线 DNA 条带?

实验十一　利用 PCR 技术扩增目的片段

一、实验目的

1. 了解用 PCR 进行基因扩增的原理、影响因素及注意事项
2. 掌握运用 PCR 方法扩增目的基因的方法。

二、实验原理

DNA 的半保留复制是生物进化和传代的重要途径。双链 DNA 在多种酶的作用下可以变性解链成单链，在 DNA 聚合酶与启动子的参与下，根据碱基互补配对原则复制成同样的两分子拷贝。在实验中发现，DNA 在高温时也可以发生变性解链，当温度降低后又可以复性成为双链。因此，通过温度变化控制 DNA 的变性和复性，并设计引物做启动子，加入 DNA 聚合酶、dNTP 就可以完成特定基因的体外复制。

1985 年美国 PE-Cetus 公司人类遗传研究室的 Mullis 等发明了具有划时代意义的聚合酶链反应(polymerase chain reaction，PCR)。其原理类似于 DNA 的体内复制，只是在试管中为 DNA 的体外合成提供已知的一种合适的条件——模板 DNA，寡核苷酸引物，dNTP，DNA 聚合酶，合适的缓冲体系，DNA 变性、复性及延伸的温度与时间。这就是著名的 PCR 基因体外扩增技术。该技术主要由高温变性、低温退火和适温延伸三个步骤反复地热循环构成：即在高温($95\ ^\circ\text{C}$)下，待扩增的靶 DNA 双链受热变性成为两条单链 DNA 模板；而后在低温($37\sim55\ ^\circ\text{C}$)情况下，两条人工合成的寡核苷酸引物分别与互补的单链 DNA 模板结合，形成部分双链；在 Tag 酶的最适温度($72\ ^\circ\text{C}$)下，以引物 $3'$ 端为合成的起点，以单核苷酸为原料，沿模板以 $5'-3'$ 方向延伸，合成 DNA 新链。这样，每一双链的 DNA 模板，经过解链、退火、延伸三个步骤的热循环后就成了两条双链 DNA 分子。DNA 经历一次变性退火和延伸，称为一个循环。如此反复进行，每一次循环所产生的 DNA 均能成为下一次循环的模板，每一次循环都使两条人工合成的引物间的 DNA 特异区拷贝数扩增 1 倍，PCR 产物得以 2^n 的指数形式迅速扩增。若干次循环后，DNA

扩增倍数可达 2^n 倍,可用公式表示为:

$$Y=(1+X)^n$$

式中:Y——DNA 扩增倍数;X——扩增效率;n——循环数。

如果 $X=100\%$ 时,$n=20$,那么 DNA 扩增为 $Y=1\,048\,576$ 倍。经过 $25\sim30$ 次循环后,理论上可使基因扩增 10^9 倍以上,实际上一般可达 $10^6\sim10^7$ 倍。

绿色荧光蛋白(green fluorescent protein,GFP)最早由日籍海洋生物学家下村修等人于 1962 年在 1 种水母(Aequorea victoria)中发现,其基因所产生的蛋白质在蓝色波长范围的光线激发下会发出绿色荧光。在细胞生物学与分子生物学领域中,绿色荧光蛋白基因常作为报导基因(reporter gene)。科学家们常常利用这种能自己发光的荧光分子来作为生物体的标记,将这种荧光分子通过化学方法挂在其他不可见的分子上,原来不可见的部分就变得可见了。因此,构建含有 GFP 基因的重组载体显得非常重要。

本实验采用 PCR 方法,根据设计基因两端保守引物来扩增绿色荧光蛋白基因片段。经若干个变性、退火和延伸循环后,DNA 扩增为原来的 2^n 倍。

三、实验仪器、材料与主要试剂

1. 仪器

PCR 热循环仪、制冰机、0.2 mL PCR 管、移液器、台式高速离心机、200 μL、20 μL、2 μL 吸头,电子天平、微波炉、电泳槽、电泳仪、紫外成像仪。

2. 材料

含 GFP 基因的质粒载体(pEGFP-C1 或 N1)(25 ng/μL)。

3. 主要试剂

基因特异性引物:

GFP-F 5′-CGACGTAAACGGCCACAAGTT-3′;

GFP-R 5′-GCCGTCGTCCTTGAAGAAGAT-3′。

Taq DNA 聚合酶,10$\times$Taq 酶配套缓冲液,25 mmol/L MgCl$_2$ 溶液,4$\times$dNTP 溶液:dATP、dGTP、dCTP、dTTP 各 2.5 mmol/L。

50$\times$TAE 缓冲液:242 g Tris 溶于 700 mL 双蒸水中,加入 57.1 mL 冰乙酸、100 mL 0.5 mol/L EDTA(pH8.0),定容至 1000 mL,室温存放备用。

四、实验步骤

1. PCR 反应

(1)在无菌的 0.2 mL PCR 管中配制 25 μL 反应体系:

反应物	体积	终浓度
ddH₂O	17.3 μL	
10×Taq 酶配套缓冲液	2.5 μL	1×
25 mmol/L MgCl₂ 溶液	1.5 μL	1.5 mmol/L
4×dNTP 溶液	0.5 μL	200 μmol/L
10 μmol/L GFP-F 溶液	1.0 μL	0.4 μmol/L
10 μmol/L GFP-R 溶液	1.0 μL	0.4 μmol/L
DNA 模板	1.0 μL	1 ng/μL
Taq DNA 聚合酶	0.2 μL	1 U

注意:反应体系中所有试剂必须保持低温操作。

(2)将反应混合液混匀,8 000 r/min 离心 5 s。

(3)加入 1 滴石蜡油,8 000 r/min 离心 5 s。

(4)将 PCR 管放到 PCR 热循环仪中,按下列程序开始循环:

温度	时间	
94 ℃	4 min	
94 ℃	30 s	
60 ℃	30 s	30 个循环
72 ℃	2 min	
72 ℃	7 min	
4 ℃	∞	

(5)取出 PCR 产物进行 1.0%琼脂糖凝胶电泳检测。

2. 琼脂糖凝胶电泳检测

(1)取一个干净的 250 mL 锥形瓶,称取 0.5 g 琼脂糖,加入 1×TAE 电泳缓冲液 50 mL(即为 1%琼脂糖溶液),混匀。

(2)用微波炉加热,充分融化。

注意:避免使用猛火过长时间加热,以防暴沸和溢出。加热过程中可暂停,多次加热,小心摇匀。熔化好的琼脂糖溶液澄清透明。

(3)准备胶板,插上梳子。待溶液冷却至 60 ℃左右时,向锥形瓶中加入 1~2 μL EB(或按比例加入其他荧光染料),轻轻摇晃混匀,将溶液缓缓倒入制胶板中。室温放置约 30 min,待完全冷却凝固后,拔出梳子。

(4)将凝胶连同制胶板一同放入电泳槽中,倒入适量 1×TAE 电泳缓冲液,以溶液刚好没过凝胶表面 1~2 mm 为宜。

(5)取 2~5 μL DNA 溶液与 1~2 μL 6×上样缓冲液混合均匀,加入样品孔中,55 V 电泳 40 min,待溴酚蓝迁移至凝胶长度 2/3～4/5 处,结束电泳。

注意:点样时,枪头尖插到点样孔的中下部,使点样液缓慢排出。枪头拔出液面时才松开按压移液器的拇指。电泳时,琼脂糖凝胶的点样孔一侧靠近黑色的负极。

(6)电泳结束后,将凝胶置于紫外成像系统中,成像并分析结果。

五、实验结果与报告

以琼脂糖凝胶电泳检测图为主,在图上应标注各泳道的样品名称、DNA marker 名称及其片段大小。分析实验结果,包括:DNA 条带是否单一,其位置在哪里,大小是否正确,如果有弥散拖尾现象说明了什么,等问题。

六、思考题

1. PCR 基因扩增的原理是什么?
2. 设计引物有哪些原则?设计一对绿色荧光蛋白基因引物并确定其正确性。
3. PCR 基因扩增中什么是非特异性产物?为什么会产生非特异性产物?

实验十二 逆转录 PCR 扩增

一、实验目的

1. 掌握逆转录 PCR 的基本原理和操作方法。
2. 熟练掌握琼脂糖凝胶电泳的操作过程。

二、实验原理

逆转录酶（reverse transcriptase）是存在于 RNA 病毒中依赖 RNA 的 DNA 聚合酶，具有以下 3 种活性：（1）依赖 RNA 的 DNA 聚合酶活性：以 RNA 为模板合成 cDNA 第 1 条链；（2）Rnase H 水解活性：可以水解 RNA-DNA 杂合体中的 RNA；（3）依赖 DNA 的 DNA 聚合酶活性：以第 1 条 DNA 链为模板合成互补的双链 cDNA。逆转录 PCR（reverse transcription PCR，RT-PCR）方法是由两个部分组成的：（1）cDNA 第 1 条链的合成：是在逆转录酶的作用下，以 mRNA 为模板，利用 Oligo(dT) 或特异性的下游引物合成出与 mRNA 互补的 cDNA 第一条链；（2）PCR扩增：在耐热的 DNA 聚合酶催化下，以已合成的 cDNA 为模板，在上、下游引物作用下进行标准的 PCR 扩增反应。

常用的逆转录酶有：（1）鼠白血病病毒逆转录酶（MMLV）：具有较强的聚合酶活性，RNase H 活性相对较弱，最适的反应温度为 37 ℃，价格较低；（2）禽成髓细胞瘤病毒逆转录酶（AMV）：该酶的聚合酶活性和 RNaseH 活性都较强，最适的作用温度为 42 ℃。

本实验以哺乳动物组织或细胞中的总 RNA 为样品，以其中的 mRNA 作为模板，以两步法进行逆转录 PCR 扩增，采用 oligo(dT) 或随机引物，利用逆转录酶反转录成 cDNA，再以 cDNA 为模板进行 PCR 扩增，获得目的基因（内参 β-actin）扩增片段。具体步骤如下：

1. 总 RNA 在 70 ℃ 水浴中预变性，打开二级结构等复杂结构，提高逆转录效率。

2. 逆转录过程：逆转录酶 MMLV（最适温度为 37 ℃）以 oligo(dT) 为引物，mRNA 为模板，反转录成 cDNA 第一链。

3. 升温至 70 ℃,使 MMLV 灭活,终止逆转录反应。

4. PCR 扩增目的片段。

三、实验仪器、材料与主要试剂

1. 仪器

微量移液器、0.2 mL PCR 管、200 μL、20 μL、2 μL 吸头,PCR 仪、电泳槽、电泳仪、紫外成像仪、制冰机、台式高速离心机、电子天平、微波炉。

2. 材料

新鲜提取或 −80 ℃ 保存的小鼠组织或细胞的总 RNA。

3. 主要试剂

β-actin 基因特异性引物:

β-actin-F   5′-ACTGCCGCATCCTCTTCCTC-3′;

β-actin-R   5′-ACTCCTGCTTGCTGATCCACAT-3′。

Taq DNA 聚合酶

10×Taq 酶配套缓冲液

25 mmol/L $MgCl_2$ 溶液

4×dNTP 溶液:dATP、dGTP、dCTP、dTTP 各 2.5 mmol/L。

逆转录酶

RNase 抑制剂

oligo(dT)$_{18}$

0.1% DEPC-H_2O:在 0.22 μm 滤膜过滤的双蒸水中加入 DEPC 至终浓度 0.1%,搅拌器上搅拌 3 h,37 ℃过夜,121 ℃高压灭菌 30 min,备用。

50×TAE 缓冲液:242 g Tris 溶于 700 mL 双蒸水中,加入 57.1 mL 冰乙酸、100 mL 0.5 mol/L EDTA(pH8.0),定容至 1000 mL,室温存放备用。

四、实验步骤

1. RT-PCR 反应

(1)取无菌无 RNase 0.2 mL PCR 管配制 6 μL 反应体系:

总 RNA	5 μL
oligo(dT)$_{18}$	1 μL

注意:①反应体系中所有试剂必须保持低温操作。②RNA 的纯度会影响 cDNA 合成量,因此,操作中要避免 RNA 分解酶的污染,尽使用一次性器皿,玻璃器皿需用 0.1% DEPC-H_2O 处理,用于 RNA 的试剂需干热灭菌。③并不是每种组织或细胞都表达所有的基因,即某些基因的 mRNA 不存在于组织或细胞中,

因此,确定所选用的材料中是否含有所需扩增的基因模板是实验成败的关键。

(2)充分混匀,于 70 ℃反应 5 min 后取出,立刻置于冰浴中 2 min,再依次加入:

10×Taq 酶配套缓冲液	2 μL
4×dNTP 溶液	2 μL
RNase 抑制剂	0.05 μL
逆转录酶	100 U

(3)充分混匀,于 37 ℃反应 60 min,使 mRNA 逆转录生成 cDNA 第一链。

(4)于 70 ℃加热 5～10 min,灭活逆转录酶终止反应,使 RNA-cDNA 杂交体变性,然后迅速冰浴冷却。

(5)取无菌无 RNase 0.2 mL PCR 管配制 25 μL 反应体系:

ddH2O	16 μL
10×Taq 酶配套缓冲液	2.5 μL
4×dNTP 溶液	2 μL
10pmol/L β-actin-F 溶液	1.0 μL
10pmol/L β-actin-R 溶液	1.0 μL
上述逆转录产物	2.0 μL
Taq DNA 聚合酶	0.5 μL

(6)将反应混合液混匀,8 000 r/min 离心 5 s。

(7)加入 1 滴石蜡油,8 000 r/min 离心 5 s。

(8)将 PCR 管放到 PCR 热循环仪中,按下列程序开始循环:

温度	时间	
94 ℃	4 min	
94 ℃	30 s	
60 ℃	30 s	30 个循环
72 ℃	2 min	
72 ℃	7 min	
4 ℃	∞	

(9)取出 PCR 产物进行 1.0%琼脂糖凝胶电泳检测。

2. 琼脂糖凝胶电泳检测

(1)取一个干净的 250 mL 锥形瓶,称取 0.5 g 琼脂糖,加入 1×TAE 电泳缓冲液 50 mL(即为 1%琼脂糖溶液),混匀。

(2)用微波炉加热,充分融化。

注意:避免使用猛火过长时间加热,以防暴沸和溢出。加热过程中可暂停,多次加热,小心摇匀。熔化好的琼脂糖溶液澄清透明。

(3)准备胶板,插上梳子。待溶液冷却至 60 ℃ 左右时,向锥形瓶中加入 1~2 μL EB(或按比例加入其他荧光染料),轻轻摇晃混匀,将溶液缓缓倒入制胶板中。室温放置约 30 min,待完全冷却凝固后,拔出梳子。

(4)将凝胶连同制胶板一同放入电泳槽中,倒入适量 1×TAE 电泳缓冲液,以溶液刚好没过凝胶表面 1~2 mm 为宜。

(5)取 2~5 μL DNA 溶液与 1~2 μL 6× 上样缓冲液混合均匀,加入样品孔中,55 V 电泳 40 min,待溴酚蓝迁移至凝胶长度 2/3~4/5 处,结束电泳。

注意:点样时,枪头尖插到点样孔的中下部,使点样液缓慢排出。枪头拔出液面时才松开按压移液器的拇指。电泳时,琼脂糖凝胶的点样孔一侧靠近黑色的负极。

(6)电泳结束后,将凝胶置于紫外成像系统中,成像并分析结果。

五、实验结果与报告

以琼脂糖凝胶电泳检测图为主,在图上应标注各泳道的样品名称、DNA marker 名称及其片段大小。分析实验结果,包括:DNA 条带是否单一,其位置在哪里,大小是否正确,如果有弥散拖尾现象说明了什么,等问题。

六、思考题

1. 为何选择 oligo(dT)为逆转录 PRC 引物?

2. 在琼脂糖凝胶分析中看到少量或没有逆转录 PCR 产物,可能的原因及解决办法有哪些?

实验十三　实时荧光定量 PCR

一、实验目的

1. 掌握实时荧光定量 PCR 的基本原理和操作方法。
2. 掌握 $2^{-\Delta\Delta Ct}$ 法的相对定量方法计算实时荧光定量 PCR 结果。

二、实验原理

生物体中,基因在不同阶段和不同部位的表达差异决定了生物的生长、发育、衰老以及病变。基因表达的差异最终表现在蛋白质的合成量的差异,这在一定程度上决定了生物体中细胞的增殖、分化、激活、病变和凋亡过程。定量分析基因的 mRNA 水平是了解生物体生长发育调控和病变机制研究等一个重要手段。

实时荧光定量 PCR(quantitative real-time PCR,qPCR)技术是在逆转录技术基础上发展起来的,可以对基因转录水平表达进行精确定量的技术。该技术的产生主要归功于 DNA 聚合酶 $5' \rightarrow 3'$ 外切酶活性的发现,以及荧光共振能量转移(fluorescence resonance energy transfer,FRET)技术的发展,qPCR 通过实现对 PCR 的每个循环产生的扩增产物进行实时的检测,一方面克服了终点法定量核酸含量的不准确性,另一方面也减少了终点法检测可能带来的交叉污染。目前 qPCR 已被作为一种重要的检测手段,广泛地应用于分子生物学研究中。

qPCR 技术是在 PCR 反应体系中加入了荧光基团(染料或探针),通过实时监测 PCR 的整个进程中荧光信号的积累,达到实时定量分析基因表达的目的。反应体系中加入的荧光染料能够特异性的结合到 DNA 双链上,发出荧光信号。反应体系中发出荧光信号的增加与 PCR 扩增产物的增加是完全同步的,这就保证捕捉到的荧光信号与产物同步。荧光探针的原理是在探针的 $5'$ 端标记了一个荧光报告基团(R),同时在探针的 $3'$ 端标记了一个淬灭基团(Q),两者构成了能量传递结构,即 $5'$ 端荧光报告基团所发出的荧光可以被 $3'$ 端淬灭基团所吸收或者抑制,当两者的距离相隔较远时,抑制作用则消失,报告基团的荧光信号增强,荧光监测系统可以接收到荧光信号。整个反应过程中,通过检测荧光信号的积累实时监测 PCR 进程,最后通过标准曲线对未知的基因表达水平进行定量分析。

根据 qPCR 定量的原理可以知道:目的基因的初始拷贝数越多,其在反应中所产生的循环数值(cycle threshold,Ct)就越小。Ct 值是 PCR 反应过程中,扩增产物的荧光信号达到预先设定的检测阈值时所需要经过的循环数。在 qPCR 反应中,产物的荧光信号需要经过数个循环,其荧光强度才能够被检测器检测到,一般以15 个循环之前的荧光信号作为反应的荧光本底信号。

随着新技术的发展,qPCR 的数据分析也上升到了一个新的水平。绝对定量分析常用于临床诊断、对特定靶基因(如 HBV 的 DNA)定量。此方法可以高通量准确地定量,对于疾病的诊断和治疗具有重要的指导意义。相对定量分析一般常用于分析目的基因经过处理与未经过处理的条件下,其表达的差异倍数。在生命科学研究中,相对定量的方法使用情况较多,因为其较容易实现,且对疾病状态的检测具有更直接的研究价值。相对定量分析常用的方法是比较 Ct 值法($2^{-\Delta\Delta Ct}$法)。此分析方法是在 2 个假设的基础上建立的:①扩增效率为 100%,即每个循环的 PCR 产物的量都是翻倍的,这可以通过扩增效率的验证来解决;②有合适的内参基因以纠正上样量的误差。

$2^{-\Delta\Delta Ct}$法的计算步骤:1. 选择合适的内参;2. 内参与靶基因扩增效率验证;3.统计学分析处理组与未处理组之间经转换后 C 值的比较;4. 得出结论:相对于未处理组,处理组中靶基因的表达相对于内参的改变倍数。

最终计算公式:

$$改变的倍数(fold\ change)=2^{-\Delta\Delta Ct}$$

$$\Delta\Delta Ct=(Ct_{靶基因}-Ct_{内参})_{处理组}-(Ct_{靶基因}-Ct_{内参})_{未处理组}$$

三、实验仪器、材料与主要试剂

1. 仪器

微量移液器、离心管、灭菌吸头、荧光定量 PCR 仪、离心机、恒温水浴锅、电泳仪、水平电泳槽、凝胶成像仪、制冰机、冰盒。

2. 材料

新鲜提取或者在 $-80\ ℃$ 冻存的小鼠组织或细胞的总 RNA。

3. 主要试剂

DNAase、RNase 抑制剂、Oligo dT、逆转录酶、实时荧光定量 PCR 反应预混液(含 Taq DNA 聚合酶、dNTP、荧光染料(SYBR Green I)、PCR 反应缓冲液)、DEPC 水、TE 溶液。

四、实验仪步骤

1. cDNA 的合成

（1）将提取的总 RNA 用 40 μL 无菌的 DEPC 水溶解，用微量移液器反复的吹打，使其完全溶解，获得的 RNA 溶液直接使用或者于−80 ℃保存待用。

（2）利用琼脂糖凝胶电泳和分光光度法检测提取的总 RNA 的完整性、浓度和纯度，详见本教材相关实验。

（3）合成 cDNA 链

① 使用 DNase I 处理 RNA 溶液，去除基因组 DNA 干扰，在 0.5 mL 离心管中按表 13 - 1 所列组分配制反应体系。

表 13 - 1　cDNA 链合成体系

试剂	使用量
总 RNA	$20{\sim}50\ \mu g$
10×DNase 缓冲液	$5\ \mu L$
RNase 抑制剂	20 U
DNase I（无 RNase）	$2\ \mu L$
无 RNase ddH$_2$O	定容至 50 μL

② 将上述反应体系于 37 ℃孵育 20 min，加入 2.5 μL 0.5 mol/L EDTA，于 80 ℃放置 2 min，用无 RNase 的 ddH$_2$O 定容至 100 μL。

③ 加入 10 μL 3 mol/L 醋酸钠，250 μL 预冷的无水乙醇，冰上放置 10 min。

④ 4 ℃ 13 500 r/min 离心 15 min，弃上清。

⑤ 加入 500 μL 预冷的 70％乙醇洗净，4 ℃ 13 500 r/min 离心 5 min，弃上清。

⑥ 沉淀干燥，加入适量无核酶 ddH$_2$O 溶解。

（4）逆转录反应按照表 13 - 2 组分配制逆转录反应液（反应液配制在冰上进行）

表 13 - 2　逆转录反应体系

试剂	使用量
总 RNA	1 μg
Oligo dT 引物（50 μmol/L）	0.5 μL
5×逆转录缓冲液	2 μL

（续表）

试剂	使用量
逆转录酶	0.5 μL
无 RNase ddH$_2$O	定容至 10 μL

37 ℃孵育 15 min 后，85 ℃ 5 s 后冰上冷却，-20 ℃保存。

2. qPCR

（1）按照表 13-3 组分配制 PCR 反应体系（在冰上进行）。

表 13-3　PCR 反应体系

试剂	使用量
cDNA	1 μL
2×qPCR 反应预混液	12.5 μL
上游引物（10 mmol/L）	1 μL
下游引物（10 mmol/L）	1 μL
无 RNase ddH$_2$O	定容至 25 μL

（2）进行 qPCR 反应

两步法 PCR 扩增标准程序：

步骤 1：预变性。95 ℃，30 s，循环数 1。

步骤 2：PCR 反应。95 ℃ 5 s，60 ℃ 30 s，循环数 40

每个样品做三个重复。反应结束后确认扩增曲线和溶解曲线，采用 $2^{-\Delta\Delta Ct}$ 法计算基因表达水平的差异。

注意：①加入反应试剂之前，需要先混匀一下，以免长时间的放置导致溶液浓度不均。②尽量减少反应预混液的反复冻融，如果是经常使用，最好将预混液溶解后放在 4 ℃保存。③尽可能使用较大体积混合液的配制，这样可以减少加样误差。整个操作最好在冰上进行。④加入每管或者每孔的吸头都要换新的，不要用同一个吸头连续加样。⑤将所有成分按体系加完后，充分混匀并短暂离心去除气泡。⑥每个样品需要至少序设置 3 个平行孔。⑦由于 PCR 反应具有高敏感性，不可避免地会出现实验误差，因此需要选择合适的内参。样本间的误差会干扰数据分析，必须通过使用一个或者多个内参对检测的样品进行标准化。正确的选择内参可以起到平均起始样本质量的误差，以及 PCR 反应效率的误差的作用。选择的内参必须满足以下的条件：

（1）在研究中，内参在各样本之间的表达是相似的。

（2）处理因素不会影响内参的表达。

（3）需要在反应中与待检测的基因同时进行相同的扩增。

五、实验结果与报告

采用 $2^{-\Delta\Delta Ct}$ 法计算基因表达水平的差异

六、思考题

1. 如果实验过程中发现反应的 Ct 值过高（大于 38）可能是什么原因？

2. 反应中溶解曲线出现不止一个主峰的原因是什么？

实验十四　蛋白质免疫印迹

一、实验目的

1. 掌握 Western 印迹法的实验原理和操作步骤。
2. 掌握 Western 印迹法实验中的显色原理。
3. 通过对蛋白质的电泳和免疫学检测,掌握蛋白质的电泳表现差异实验原理。

二、实验原理

Western 印迹法(也叫蛋白质免疫印迹法)即 Western blotting,是在电泳蛋白质分离和抗原抗体免疫检测的基础上建立起来的一项针对蛋白质种类和含量的检测技术,也是生物化学,分子生物学和免疫遗传学中十分常用的实验方法。

相较于检测 DNA 分子的 Southern 杂交法和检测 RNA 分子的 Northern 杂交法,Western 印迹法检测对象则是蛋白质分子。在 Western 印迹法检测基础上还发展了 Eastern 印迹法。这二者的主要区别在于,Western 印迹法是针对单向电泳分离后的蛋白质分子进行检测的,而 Eastern 印迹法则是检测双向电泳分离后的蛋白质分子。多年来,Western 印迹法已已经是蛋白质研究中最常用的工具之一,用于鉴定样品中目的蛋白是否存在,以及目的蛋白的表达量多少和在不同样品间目的蛋白的表达差异。

Western 印迹法检测蛋白质既具有 SDS-PAGE 电泳的高分辨率的特点,同时还具有抗原抗体免疫反应的高特异性的特点。该方法的基本步骤包括:首先利用 SDS-PAGE 电泳将样品中的蛋白质组分分开,将分离在电泳后的凝胶上的蛋白质分子转移到相应的固相载体上,固相载体可选用:NC 膜(nitrocellulose filter membrane,硝酸纤维素膜)或者 PVDF 膜(polyvinylidene fluoride membrane,聚偏二氟乙烯膜),然后用封闭液对固相载体膜上没有吸附蛋白质的部位进行封闭,最后利用抗原抗体反应的免疫学检测手段分析目的蛋白位置及含量。Western 印迹法解决了直接在 SDS-PAGE 电泳后的凝胶上进行免疫学反应分析的弊端,极大地提高了实验结果的分辨率和灵敏度,目前被广泛地应用于鉴定目的基因的表达产物是否正确,或者比较目的基因表达产物在各样品之间的相对变化量。

　　Western 印迹法的基本实验原理是:各样品中所有的蛋白质分子经 SDS-PAGE 电泳进行分离,按分子量大小分别分散在凝胶中;然后分散在凝胶中的蛋白质分子被转移到固相载体上,蛋白质与固相载体间以非共价键的形式结合,这个过程中能够保持电泳分离的蛋白质的类型及其生物学活性不变。吸附在固相载体上待检测的目的蛋白为抗原,与其特异性的抗体(简称一抗)在固相载体上发生特异性的免疫反应而相互结合。结合有目的蛋白的一抗再通用酶或同位素标记的第二抗体(简称二抗)发生识别并相互结合,进一步通过底物显色反应或放射自显影的方式最终达到检测复杂混合物样品中的特定的目的蛋白的目的。

三、实验仪器、材料与主要试剂

　　1. 仪器

　　微量移液器、垂直电泳槽、电源、水平摇床、转膜仪、化学发光检测系统、制冰机。

　　2. 材料

　　动物组织或细胞的总蛋白。

　　3. 主要试剂

　　(1)30% 丙烯酰胺溶液:29 g 丙烯酰胺,1 g N,N′-亚甲基双丙烯酰胺,溶于60 mL 双蒸水中,将试剂在 37 ℃ 下溶解,用双蒸水定容到 100 mL,用 0.45 μm 的滤膜过滤,室温下避光保存。

　　(2)1.5 mol/L Tris-HCl(pH8.8)分离胶缓冲液:准确称取 36.3 g Tris 溶于200 mL 双蒸水中,用 HCl 调节 pH 至 8.8。

　　(3)1.0mol/L Tris-HCl(pH6.8)浓缩胶缓冲液:准确称取 12.1 g Tris,溶于200 mL 双蒸水中,用 HCl 调节 pH 至 6.8。

　　(4)10% 过硫酸铵(AP)溶液:称取 1 g 过硫酸铵加蒸馏水溶解,用水定容到10 mL,4 ℃ 下可储存 1 周,但最好是现配现用。

　　(5)四甲基乙二胺(TEMED)

　　(6)10% SDS 溶液(m/V):称取 10 g SDS 溶于 100 mL 的蒸馏水中,稍微加热使其溶解。室温下保存,由于 SDS 易结晶,使用前稍微加热使其完全溶解。

　　(7)5×电泳缓冲液:称取 15.1 g Tris,94 g 甘氨酸,50 mL 10% SDS,加入蒸馏水溶解后,定容至 1000 mL。

　　(8)1 mol/L DTT 溶液:称取 3.09 g 二硫苏糖醇(dithiothreitol,DDT)溶解于20 mL pH=5.2 的 0.01 mol/1 乙酸钠溶液中,过滤除菌,分装成 1 mL 每份于－20 ℃ 冰箱中储存。

(9)上样缓冲液:0.5 mol/L Tris-HCl(pH6.8)的缓冲液 5 mL,0.5 g SDS,5 mL甘油,0.25 mL β-巯基乙醇,2.5 mL 1%溴酚蓝,加入蒸馏水定容到 50 mL。

(10)考马斯亮蓝染色液:称取 0.25 g 考马斯亮蓝 R250,溶解于 90 mL 蒸馏水中,加入 90 mL 甲醇,10 mL 冰乙酸,充分搅拌使之溶解,必要时过滤除去颗粒状物质。

(11)转膜缓冲液:称取 2.9 g 甘氨酸,5.8 g Tris,0.37 g SDS,200 mL 甲醇,加入双蒸水定容至 1000 mL。

(12)丽春红染液:称取 0.5 g 丽春红,1 mL 冰醋酸,用双蒸水定容至 100 mL。

(13)磷酸缓冲液(PBS):称取 8.79 g NaCl,0.27 g KH$_2$PO$_4$.1.14 g 无水 NaH$_2$PO$_4$,加入 800 mL 蒸馏水溶解,用 HCl 调节 pH 值至 7.4,加水定容至 1 L,121 ℃高压灭菌 20 min。

(14)PBST 缓冲液:在 1×PBS 中按照 1:2000 加入 Tween 20。

(15)封闭液:5%脱脂奶粉溶于 1×PBS 中。

(16)辣根过氧化物酶显色液:6.0 mg DAB 溶于 9 mL 的 0.01 mol/L Tris-HCl(pH 6.4)中,加入 0.3%(质量体积比)NiCl 或 CoCl,现配现用。

四、实验步骤

1. 蛋白质样品处理

(1)根据实验要求取适量体积的蛋白质样品(25~50 μg)加入预冷的 1.5 mL 离心管中,按比例加入上样缓冲液,根据蛋白样品的浓度,通过调节上样缓冲液的体积,将各组样品溶液的最终上样体积调节至相同。

(2)将与上样缓冲液混合好的样品混合物管在沸水浴中加热 5 min。短暂离心使样品溶液沉于管底。

2. SDS-PAGE 凝胶的制备

(1)确定凝胶的体积,根据表 14-1 所给出的数值,配制不同丙烯酰胺浓度的分离胶溶液。

表 14-1 配制 SDS-PAGE 电泳分离胶所用溶液

成分	配制不同体积和浓度凝胶所需各成分的体积/mL				
	10	15	20	25	30
8%分离胶					
ddH$_2$O	4.6	6.9	9.3	11.5	13.9
30%丙烯酰胺混合液	2.7	4	5.3	6.7	8

（续表）

成分	配制不同体积和浓度凝胶所需各成分的体积/mL				
	10	15	20	25	30
1.5 mol/L Tris(pH 8.8)	2.5	3.8	5	6.3	7.5
10% SDS	0.1	0.15	0.2	0.25	0.3
10%过硫酸铵	0.1	0.15	0.2	0.25	0.3
TEMED	0.006	0.009	0.012	0.015	0.018

10%分离胶

成分	10	15	20	25	30
ddH$_2$O	4	5.9	7.9	9.9	11.9
30%丙烯酰胺混合液	3.3	5	6.7	8.4	10
1.5 mol/L Tris(pH 8.8)	2.5	3.8	5	6.3	7.5
10% SDS	0.1	0.15	0.2	0.25	0.3
10%过硫酸铵	0.1	0.15	0.2	0.25	0.3
TEMED	0.004	0.006	0.008	0.01	0.012

12%分离胶

成分	10	15	20	25	30
ddH$_2$O	3.3	4.9	6.6	8.2	9.9
30%丙烯酰胺混合液	4	6	8	10	12
1.5 mol/L Tris(pH 8.8)	2.5	3.8	5	6.3	7.5
10% SDS	0.1	0.15	0.2	0.25	0.3
10%过硫酸铵	0.1	0.15	0.2	0.25	0.3
TEMED	0.004	0.006	0.008	0.01	0.012

（2）将按上述表格配制好的混合溶液吹打混匀，将凝胶液灌入制胶板中，用注射器缓慢均匀地将 ddH$_2$O（或者异丙醇）加到分离胶上层，待凝胶充分凝固后（光照下可以看到明显的水胶分离）将上层的水倒掉，并用滤纸小心地将水吸干（注意不要碰到分离胶）。

注意：①实验中根据要分离的目的蛋白的分子量大小进行相应浓度的胶的选择，如果检测蛋白质的分子量在 150 kDa 及以上时，可选择较低浓度的胶，也可以减少转膜缓冲液中的甲醇含量，并适当延长转膜时间。②丙烯酰胺和 TEMED 均具有毒性，操作时需要全称佩戴手套，做好防护，TEMED 还需要在通风橱内取用。

（3）按表 14-2 中给出的数值配制不同体积的 5%浓缩胶。

表 14 - 2　配制 SDS-PAGE 电泳 5% 浓缩胶所用溶液

成分	配制不同体积和浓度凝胶所需各成分的体积/mL				
	3	4	5	6	8
ddH₂O	2.1	2.7	3.4	4.1	5.5
30% 丙烯酰胺混合液	0.5	0.67	0.83	1	1.3
1.5 mol/L Tris(pH 8.8)	0.76	1	1.26	1.5	2
10% SDS	0.03	0.04	0.05	0.06	0.08
10% 过硫酸铵	0.03	0.04	0.05	0.06	0.08
TEMED	0.003	0.004	0.005	0.006	0.008

（4）按上表充分混合各组分，将浓缩胶灌入到已凝固的分离胶上层，随后立即插入梳子，待浓缩胶凝固之后，可以在 4 ℃保湿的条件下储存，或者直接进行后续电泳实验。

3. 电泳与转膜

（1）将胶板放入加有电泳缓冲液的垂直电泳槽内，并拔出梳子，将配制好的蛋白样本小心的加入孔中，先用 80 V 的恒压电泳 30 min，待样品进入到分离胶之后，将电压调至 100 V，继续恒压电泳 90 min 左右（或者使用恒流 20 mA，电泳 2.5 h 左右）。

（2）待电泳结束之后，用清水冲洗制胶板，然后小心地将凝胶剥下，切除浓缩胶，将分离胶浸泡在预冷的转移缓冲液中约 30 min，清洗除去杂质。

（3）预先剪出大小合适的 NC 膜或 PVDF 膜和滤纸，尽量使膜的面积稍大于凝胶，但不大于转膜海绵。若使用 PVDF 膜，需要将浸泡在甲醇中大约 30 s，若是 NC 膜则不需要在甲醛中浸泡。

注意：NC 膜或 PVDF 膜具有不同的孔径，可根据不同大小的蛋白质分子的检测要求进行选择，分子量小于 25 kDa 的蛋白质需要使用 0.22 μm 孔径的膜，并适当缩短转膜时间。

（4）在倒满转移缓冲液的塑料盘中依次将转膜用的夹子（正极）、一块海绵、2～3 张滤纸、浸泡好的 PVDF 膜、浸泡过的凝胶、2～3 张滤纸和另一块海绵、转膜用的夹子（负极）。

注意：整个转膜的操作过程都要完全浸没在缓冲液中，不断地将气泡赶出，并在夹紧夹子前确认各层之间没有气泡，否则气泡的存在会影响转膜效果。

（5）将夹子垂直放入转移槽中，确认夹子的正负极与转移槽的正负极连接正确，并使整个转膜夹浸没在缓冲液中进行转膜。根据待检测目的蛋白的分子量大小确定转膜时间,10～70 kDa 的小分子量蛋白一般使用恒压 100 V,转膜 60～70 min;70～200 kDa 的大分子量蛋白一般使用恒压 100 V,转膜 90～150 min。

(6)转膜结束后,取出夹子,小心取出 PVDF 膜,并在膜的右上角剪出一个缺角以标记正反面,根据预染的蛋白 marker 来判断转膜的效果及目的蛋白条带的大致位置。

注意:转膜完成后,可以使用考马斯亮蓝染液对凝胶进行染色,以观察转移后的蛋白质残留状态,或者使用丽春红染液对膜进行染色,以观察膜上蛋白质的转移效果。

4. 抗原抗体免疫反应

(1)封闭 将 PVDF 膜或 NC 膜浸泡在含 5% 脱脂奶粉的 TBST 封闭液中,如要检测磷酸化蛋白,则需使用含 5% BSA 的 PBST 封闭液对膜进行封闭。室温下,置于水平摇床上振摇封闭 1～2 h。

(2)一抗孵育 使用一抗稀释液或含 5% BSA 的 PBST 缓冲液将一抗稀释至适宜浓度,并加入大小合适的孵育槽中,将 PVDF 膜或 NC 膜置于其中,稀释好的一抗溶液应当至少没过 PVDF 膜或 NC 膜。4 ℃下摇床过夜。

(3)洗膜 室温下,用 1×PBST 在摇床上洗涤 PVDF 膜或 NC 膜 2～4 次,每次 10 min。

(4)二抗孵育 根据一抗选择相应属性的二抗,用含 5% 脱脂奶粉的 PBST 将辣根过氧化物酶标记的二抗稀释至适宜浓度,并加入大小合适的孵育槽中,将 PVDF 膜或 NC 膜置于槽中,室温下摇床摇动孵育 2 h。

(5)洗膜 室温下,用 PBST 在摇床上洗涤 PVDF 膜或 NC 膜 3 次,每次 10 min。

5. 显影

(1)将保鲜膜平整地铺于显影台上,并用滤纸赶走气泡,将孵育好的 PVDF 膜或 NC 膜取出置于保鲜膜上,放置整齐,并用滤纸轻轻吸去 PVDF 膜或 NC 膜上的 PBST 液体,以免稀释增强化学发光法(ECL)发光液从而影响显影效果。

(2)取适量 ECL 试剂 A 和 B 液,等体积混合后滴于 PVDF 膜或 NC 膜上,避光孵育 5 min,用滤纸吸去剩余的发光试剂,并将显影台放入化学发光系统,根据荧光强度用成像系统软件设置曝光时间(5 s～30 min)。待成像后将图片保存好。

注意:ECL 化学发光剂产生的光信号衰变较快,加入发光剂后,应立即采用不同时间进行曝光。

(3)用灰度分析软件使用成像系统分析软件或专业定量软件对实验结果进行灰度分析。

五、实验结果与报告

1. 预习作业

熟悉 SDS-PAGE 的操作步骤,并思考该步骤在 Western 印迹法中的影响和作用。

2. 结果分析与讨论

(1)附上 Western 检测图,并对检测结果进行描述和分析。

(2)根据实验结果,总结 Western 印迹法的关键步骤和注意事项,并结合自己的实验结果提出改进的办法。

六、思考题

1. 为避免最后显色结果中背景过高,实验过程中应注意哪些事项?

2. 转膜时制备的"三明治",为什么要特别注意放置顺序? 如果放置凝胶的那一面朝向正极,膜朝向负极,会产生什么现象?

3. 如果显色结果中的蛋白条带不是很清晰,可能是什么原因?

实验十五 DNA 片段的琼脂糖凝胶电泳回收

一、实验目的

1. 掌握切胶回收凝胶中外源 DNA 片段的基本原理。
2. 掌握琼脂糖凝胶电泳切胶回收外源 DNA 片段的方法及操作步骤。

二、实验原理

琼脂糖凝胶电泳回收 DNA 片段是基于不同分子量大小的 DNA 分子在电泳分离后的纯化过程,一般是目的 DNA 分子和克隆载体的酶切连接、DNA 测序、芯片检测、PCR 扩增及探针标记等实验的必要前期工作。经回收处理的 DNA 的纯度、浓度和分子量大小是否满足预期要求将直接关系到后续实验能否顺利的进行,另外回收的效率和操作的方便程度也是选择具体回收方法时参考的重要指标。

琼脂糖凝胶具有分子筛的作用,是一种良好的电泳介质,可以使不同大小的 DNA 分子分离开。在核酸荧光染色剂的作用下,在紫外线下,核酸在凝胶中具有特定的荧光,根据荧光位置从凝胶上分离特定分子量的 DNA 条带,再利用硅基质膜可以在高盐缓冲系统条件下高效、专一地吸附 DNA 分子的特点,对融化后分散在凝胶溶解液中的 DNA 分子进行分离纯化,此方法的回收率可达 80%。使用硅基质膜吸附 NDA 的方法主要适合分子量在 10 kb 以下的 DNA 片段的回收纯化。如果 DNA 分子量过大,和固相硅基质膜的结合力就会越强,这样就越难洗脱,回收率就会降低。为了增加大分子量的 DNA 的回收率,可选用玻璃奶或纯化填料胶回收试剂盒等方法。

DNA 分子经琼脂糖凝胶电泳分离后,根据分子量大小切下需要回收的含目的 DNA 条带的琼脂块,利用 DNA 胶回收试剂回收目的 DNA 分子。DNA 胶回收试剂盒主要包括 DNA 凝胶熔化液(溶液Ⅰ)、DNA 洗涤液(溶液Ⅱ)和 DNA 洗脱液(溶液Ⅲ)。其原理是:将含目的 DNA 的琼脂糖凝胶块在溶液Ⅰ中被迅速地熔化并释放,然后将 DNA 片段选择性吸附在硅基质膜上,用溶液Ⅱ洗涤去除连同 DNA 分子残留在硅基质膜上的杂质,以及溶液中的高浓盐离子,最后将吸附在硅基质膜上的 DNA 分子用少量的水或者溶液Ⅲ从膜上洗脱下来。该方法操作简单、快速、方便,且回收率高,不降解 DNA,纯化后的 DNA 分子适合任何后续的分子生物学操作,包括:酶切、连接、克隆、测序等。该方法也适用于将 DNA 溶液中的盐、有机溶剂、未反应的寡核苷酸、引物二聚体标记或者 PCR 反应中的酶进行去除。

三、实验仪器、材料与主要试剂

1. 仪器

微量移液器、200 μL、1 mL 无菌吸头、1.5 mL 无菌离心管、琼脂糖凝胶电泳系统、凝胶成像系统、恒温水浴锅、台式高速离心机。

2. 材料

DNA 样品

3. 主要试剂

DNA 胶回收试剂盒:购自上海生工生物工程技术服务有限公司。试剂盒中包括凝熔化液(溶液 I)、DNA 洗涤液(溶液 II)、DNA 洗脱液(溶液 III)。

四、实验步骤

1. 电泳

(1)配制 1% 琼脂糖凝胶。

(2)将琼脂糖凝胶电泳槽清洗干净,并倒入新的电泳缓冲液。

(3)上样,80 V 恒压条件下电泳,使目标 DNA 的条带与其他 DNA 进行有效的分离,便于切胶分离。

注意:电泳时最好使用新的电泳缓冲液,以免影响电泳效果和回收效果,针对下一步实验的要求较高时,最好应尽量选择 TAE 电泳缓冲液。

2. 切胶

(1)准备新的 1.5 mL 离心管,标记并称重记录离心管重量。

(2)在凝胶成像系统的紫外线灯下,将目的 DNA 条带从琼脂糖凝胶上快速切下,放入上述称重并已做好标记的 1.5 mL 离心管中。

(3)再次称重,利用差值得到凝胶的重量,按 100 mg 相当于 100 μL 体积计算得到胶块的体积。

注意:①在紫外灯下切胶时,应尽量减少紫外灯的照射时间,以免对 DNA 分子和实验人员造成伤害。②注意保护眼睛,过程中应当佩戴防紫外线的护目镜。③尽可能保证切下来的凝胶体积最小,以减少抑制剂对 DNA 分子的污染,并缩短DNA 分子在凝胶中的迁移距离。

3. 回收

(1)将 3 倍胶块体积的溶液 I 加入离心管中。于 50~75 ℃的水浴锅中加热,使凝胶块充分融化,其间每隔 2～3 min 取出颠倒混匀一次,使胶块充分融化大约需要 6～10 min。融化后在室温下冷却。

(2)将上述已冷却的混合溶液转入到含硅基质膜的 DNA 纯化柱内。12 000 r/min 离心 1 min,将废液收集管中的液体倒掉,再将 DNA 纯化柱放回到废液收集管内。

注意:①结合缓冲液主要是低 pH、高浓度盐(盐酸胍、NaI、KI、NaClO₄)组成的溶液,这种溶液可以与吸附柱内的硅基质膜共同作用,选择性吸附 DNA 片段。②与回收片段接触的试剂和器皿等都应进行灭菌(酶)处理,否则可能发生回收片段部分降解的现象,有时甚至一无所获。在黏性末端发生轻微的降解反应也会导致严重的连接困难。③回收 <100 bp 或 >10 kb 的 DNA 片段时,应加大溶胶液体积,延长吸附和洗脱的时间。

(3)向 DNA 纯化柱中加入 500 μL 溶液 II,12 000 r/min 离心 1 min。将废液收集管中的液体倒掉,再将 DNA 纯化柱放回到废液收集管内。

(4)再向 DNA 纯化柱中加入 500 μL 溶液 II,12000 r/min 离心 0.5～1 min。将废液收集管中的液体倒掉,再将 DNA 纯化柱放回到废液收集管内。

(5)12 000 r/min 离心 1～2 min,以去溶液 II 中的乙醇残留。

注意:室温放置 2 min,使得吸附柱上残留的乙醇彻底挥发完全,以免对后续的实验造成影响。

(6)将 DNA 纯化柱放入一个洁净的 1.5 mL 离心管中,加入 30～100 μL 在 60～70 ℃条件下预热的溶液 III。室温下放置 2～3 min。12 000 r/min 离心 1 min。得到的溶液即为纯化后的 DNA 分子。

注意:DNA 洗脱液(溶液 III)主要是低盐、高 pH 的缓冲液,洗脱液可以将目的 DNA 分子从硅基质膜上溶解下来,得到纯化后的目的 DNA 片段。试剂盒中的洗脱液一般为 TE 缓冲液,实验中也可以根据具体的实验需求使用 ddH₂O 洗脱。

(8)对回收纯化后的 DNA 分子进行电泳检测分析纯度。

五、实验结果与报告

1. 预习作业
PCR 产物回收的方法有哪些?
2. 结果分析与讨论
(1)附上琼脂糖凝胶电泳检测图和浓度检测结果。
(2)产物的纯度,DNA 片段大小是否与预期一致,是否均一,有无其他物质的污染，如蛋白、类、脂类及有机溶剂等。

六、思考题

1. DNA 回收的主要方法有哪些？
2. 回收效率低或者未回收到目的 DNA 片段，可能的原因有哪些？

实验十六　载体与 DNA 分子的体外连接

一、实验目的

1. 掌握载体与 DNA 分子的体外连接的基本原理。
2. 掌握载体与 DNA 分子的体外连接的方法及操作步骤。

二、实验原理

　　基因克隆是分子生物学中的核心技术之一,其主要目的是获得某一基因或 DNA 片段的大量拷贝,从而实现深入的分析该基因的结构和功能,并达到人为的改造细胞或者物种的个体遗传表型的目的。基因克隆又被称做 DNA 克隆,其中的一项关键技术就是 DNA 重组技术,DNA 重组技术是利用酶学的方法,在体外将不同来源的 DNA 分子进行剪切和连接,然后重新组装成为一个新的 DNA 分子。在 DNA 重组技术中,其核心步骤是将 DNA 片段之间进行连接。

　　大多数的限制性核酸内切酶可以错位切断 DNA 分子,从而产生 $5'$ 或 $3'$ 的黏性末端。少数的限制性核酸内切酶可以沿对称轴切断 DNA 分子,而产生平末端。如果用相同的限制性核酸内切酶处理载体和目的 DNA 分子,那么这两种 DNA 分子就会具有相同的黏性末端,彼此之间就很容易按碱基互补配对的原则进行退火,互补的碱基就会以氢键相互结合,然后在 T4 DNA 连接酶的作用下,末端以共价键相连接,最终形成环状的 DNA 重组体。

　　DNA 片段和载体在连接时,存在两个方向的插入问题,即 DNA 片段可能按正、反两个方向插入到载体中,如果插入的方向是反向的,则该重组子不能表达或者表达出完全不同的产物。因此,该问题可以采用定向克隆的方法解决。定向克隆是指利用两个不同的限制性核酸内切酶对载体和目的基因进行酶切,这样切割后的载体或者目的 DNA 分子自身的两个末端不能互补,但可以和对方的相对应的酶切位点进行互补结合,从而实现了定向连接的目的。黏性末端与黏性末端间的定向克隆具有非常高的连接效率,是目前重组方案中最有效、应用最广的方式。平末端的连接效率相对较低,这主要是由于 T4 DNA 连接酶对平末端的 Km 值较高。所以平末端的连接过程中,往往需要较高浓度的外源 DNA 分子和载体,也需要更多的 T4 DNA 连接酶。在 DNA 片段和载体连接后,其产物中除了正确的重组子外,还具有一定数量的载体自身环化分子,这使得转化菌培养后出现较高的假阳性克隆。针对这一问题,实验中可以采用碱性磷酸酶去除载体 5′端的磷酸基团,以此降低载体的自身环化作用。

本实验设计用 PCR 产物作为目的基因,以 pUC18 质粒为载体,用限制性核酸内切酶 *Eco*RI 和 *Bam*HI 切割后进行黏性末端连接。

三、实验仪器、材料与主要试剂

1. 仪器

台式高速离心机、恒温水浴锅、微量移液器、200 μL、1 mL 无菌吸头、1.5 mL 无菌离心管。

2. 材料

DNA 样品

3. 主要试剂

T4 DNA 连接酶及 10×缓冲液、碱性磷酸酶(CIP)及 10×CIP 缓冲液、TE 饱和酚、氯仿、3 mol/L 醋酸钠、无水乙醇。

四、实验步骤

1. 载体与目的基因 DNA 的双酶切与回收纯化

(1)5 μg 质粒 pUC18 载体和 0.5～1.0 μg 目的基因 DNA 分子,用 *Eco*RI 和 *Bam*HI 两个限制性核酸内切酶进行酶切反应。

注意:进行酶切反应时,加入的限制性核酸内切酶的体积不大于反应总体积的 1/10,来自限制性核酸内切酶中的甘油浓度若大于 5%,可能会导致活性下降。

(2)采用 DNA 柱回收试剂盒对酶切产物进行纯化回收。纯化回收后的目的基因 DNA 随即可以使用,载体 DNA 根据需要可以按照以下步骤进行去磷酸化反应。

2. 载体去磷酸化

(1)质粒 pUC18 用限制性核酸内切酶酶切消化后,向其中加入 10×CIP 缓冲液 10 μL 和 1U 的 CIP,37 ℃条件下孵育 30 min。

(2)反应完成后,向体系中加入等体积的 TE 饱和酚,振荡混合均匀,12 000 r/min 离心 10 min,将离心管中上层的水相移至新的无菌 1.5 mL 离心管中。

(3)向上述水相中加入等体积的 TE 饱和酚/氯仿(体积比为 1∶1)混合溶液,充分振荡混匀,12 000 r/min 离心 10 min,小心地将上层水相移至新的无菌 1.5 mL

离心管中。

（4）再向上述水相中加入等体积的氯仿，充分振荡混匀，12 000 r/min 离心 10 min，小心地将上层水相移至新的无菌 1.5 mL 离心管中。

（5）向水相中加入 1/10 体积的 3 mol/L 醋酸钠溶液和二倍体积的无水乙醇，20 ℃放置 2 h，4 ℃条件下 12 000 r/min 离心 10 min，弃上清，将得到的 DNA 沉淀在空气中干燥 2 min。

（6）向沉淀中加入 10 μL ddH$_2$O 溶解载体 DNA。

3. 载体与目的基因体外连接

（1）取 2 μL 纯化回收后的载体和 2 μL 目的基因 DNA，利用琼脂糖凝胶电泳进行检测。

（2）取 2 μL 纯化回收后的载体和 2 μL 目的基因 DNA，利用分光光度计检测其浓度。根据浓度将目的基因与载体按（3～6）∶1 的摩尔比进行连接。

注意：插入的目的基因片段的摩尔数要大于载体片段的摩尔数，一般为（3～6）∶1，最佳的摩尔数比例因载体类型的不同而不同，例如 cDNA 和基因组 DNA 克隆载体。可根据以下公式计算插入的 DNA 用量：

$$\frac{载体量(ng) \times 插入片段大小(kb)}{载体片段大小(kb)} \times \frac{插入片段}{载体} 摩尔比 = 插入片段量(ng)$$

（3）建立连接反应体系，按照表 16 - 1 依次加入体系中各成分，反应的总体积为 10 μL。

表 16 - 1　连接反应体系

试剂	使用量
目的 DNA 片段	50～200 ng
载体 DNA	100 ng
10×T4 DNA 连接酶缓冲液（含 ATP）	1.0 μL
T4 DNA 连接酶（1 U）	1.0 μL
ddH$_2$O	补齐至 10 μL

注意：①连接酶缓冲液中含有 ATP，使用前应在室温放置至融化或用手掌温度辅助融化，然后置于冰上。不要加热融化以免 ATP 降解。②T4 DNA 连接酶对热敏感，容易失活。使用时应放置冰上，用后立即置冰箱中冷冻保存。如需在连接反应后灭活，于 65 ℃孵育 10 min 即可。

（4）混合均匀，短暂离心 5 s，14 ℃条件下连接过夜。

(5)次日,将连接后的重组 DNA 分子转化大肠杆菌感受态细胞。

五、实验结果与报告

1. 预习作业

PCR 产物和载体 DNA 连接有哪些方法?

2. 结果分析与讨论

(1)附上琼脂糖凝胶电泳检测图和浓度检测结果。

(2)根据电泳图谱和 OD,判断目的 DNA 和载体 DNA 的最佳连接比例是多少。

六、思考题

PCR 产物和载体 DNA 的量如何确定?

实验十七　感受态细胞的制备及转化

一、实验目的

1. 掌握冷氯化钙法制备感受态细胞的原理及操作步骤。
2. 掌握外源 DNA 转化大肠杆菌感受态细胞的方法及操作步骤。

二、实验原理

在自然环境中,很多的质粒都可通过和细菌的接合作用而转移到新的宿主细胞内;但是人工构建的质粒载体中一般缺少这种转移所必需的 *mob* 基因,因此不能自行的完成从一个细胞到另一个细胞的接合转移。

在基因工程的克隆技术中,转化是指将质粒 DNA 分子或者以其为载体所构建的重组 DNA 分子导入到细菌体内,使受体获得新的遗传特性的一种技术方法。它是微生物遗传、分子遗以及基因工程等研究领域的一项基本实验技术。在转化原核生物中是一个非常普遍的现象。在菌体细胞之间,转化能否发生,一方面取决于转化的供体菌与受体菌两者在进化过程中的亲缘关系远近;另一方面与受体菌是否处于易感状态有很大的关系。目前常用的转化方法有化学转化法和电击转化法。化学法具有操作简单快速,稳定性高,重复性好,菌株应用范围广,制备的感受态细菌可以在 $-80\ ℃$ 长期保存,因此被广泛应用于外源基因的转化。化学转化法主要包括冷 $CaCl_2$,氯化铷、$MgCl_2$ 等方法,所有化学转化法都需要制备感受态细胞。电击法主要适用于大多数的大肠杆菌和分子量小于 15 kb 的质粒转化。电击转化法转化线性的质粒,效率很低,一般是闭环 DNA 效率的 $1/1000\sim 1/10$。

细菌处在易于吸收外源 DNA 的状态叫做感受态。感受态细胞的制备方法有很多种,但总体上都是使用金属离子处理细菌一定时间。所用的金属离子主要有 Ca^{2+}、Mg^{2+}、Mn^{2+} 等。主要方法包括以下几种:① Hanahan 方法。这是一种高效的转化方法,适用于多种分子克隆实验中常用的大肠杆菌,如:DH1、DH5、MM294、JM108/109、DH5α 等,同时也有一些大肠杆菌株系不能采用此方法,如:MC1061。用 Hanahan 方法制备感受态细胞,可以重复性很好的制备出转化效率很高的大肠杆菌感受态细胞($5×10^8$ 个克隆$/\mu g$ 超螺旋质粒 DNA)。

②Inoue 方法。该方法与其他方法的不同之处在于细菌是在 18 ℃进行培养的,而不是通常使用的 37 ℃。在分子克隆中很多常用的大肠杆菌株系都可以适用这种方法。该方法可以制备超级感受态细胞。采用 Inoue 方法制备大肠杆菌感受态细胞,状态较好的时候能够达到 Hanahan 方法相同的转化效率,但在标准的实验室条件下,一般能够达到 $1\times10^8\sim3\times10^8$ 个克隆/μg 质粒 DNA 的转化效率。③冷氯化钙法。冷氯化钙法是目前实验室条件下使用最广泛的制备感受态细胞的方法,常用于批量的制备感受态细胞,该方法的转化效率一般可达到 $5\times10^6\sim2\times10^7$ 个克隆/μg 超螺旋质粒 DNA。

细菌在 0 ℃的 $CaCl_2$ 低渗溶液中,细菌细胞膨胀形成球状。溶液中的转化混合物的 DNA 形成了抗 DNA 酶的羟基-钙磷酸复合物,该复合物黏附在细菌细胞的表面,经 42 ℃短时间的热激处理,促进细菌细胞吸收 DNA 复合物。在非选择性培养基中使细菌保温培养一段时间,促使其在转化过程中获得的新的抗性表型(如抗氨苄西林等)得到表达,然后将培养后的细菌培养物均匀的涂布在含有对应抗生素(如卡那霉素、氨苄青霉素等)的选择性培养基中。转化有质粒的菌体在含有相应抗生素的选择性培养基上能够正常存活,而未接受转化的受体细胞因无法产生抵抗抗生素的能力而不能存活,因此就不能在选择性培养基上形成菌落。

三、实验仪器、材料与主要试剂

1. 仪器

高速离心机、恒温摇床、恒温箱、−20 ℃冰箱、恒温水浴锅、高压灭菌锅、电子天平、制冰机、超净工作台、台式低温高速离心机、紫外分光光度计、1.5 mL 无菌离心管、1 mL 无菌吸头、微量移液器等。

2. 材料

大肠杆菌 BL21(DE3)、JM109. HB101 或 DH5α。

3. 主要试剂

(1)LB 液体培养基

胰蛋白胨(tryptone)	10 g
酵母提取物(yeast extract)	5 g
NaCl	10 g

加 ddH₂O 溶解后,定容至 1 L,于 121 ℃(1.034×10^5 Pa)高压灭菌 20 min。

(2)LB 平板的制备

胰蛋白胨(tryptone)	10 g
酵母提取物(yeast extract)	5 g
NaCl	10 g

琼脂	15 g

加 ddH$_2$O 至 1 L,于 121 ℃(1.034×10^5 Pa)高压灭菌 20 min。冷却到 50 ℃左右时,加入过滤除菌的氨苄青霉素母液到上述培养基中,倒平板,冷却后备用。

(3)0.1 mol/L CaCl$_2$ 溶液

(4)SOC 培养基

胰蛋白胨(tryptone)	2％(M/V)
酵母提取物(yeast extract)	0.5％(M/V)
NaCl	10 mmol/L
KCl	2.5 mmol/L
MgCl$_2$	10 mmol/L
葡萄糖	20 mmol/L

除 MgCl$_2$ 和葡萄糖外,其余成分加 ddH$_2$O 溶解,用 5 mol/L NaOH 调节 pH 至 7.0,定容至 1 L,于 121 ℃(1.034×10^5 Pa)高压灭菌 20 min。冷却后,加入相应体积过滤除菌的 2 mol/L 葡萄糖和 1 mol/L MgCl$_2$。

(5)氨苄西林溶液

将氨苄西林先用 ddH$_2$O 配制成为 100 mg/mL 的母液,过滤除菌后,分装 1 mL 每管,于−20 ℃保存。使用时按比例加入相应体积到培养基中,使终浓度为 50～500 mg/L。

(6)80％LB 甘油保存液:

胰蛋白胨(tryptone)	10 g
酵母提取物(yeast extract)	5 g
NaCl	10 g
甘油	800 mL

用 2 mol/L NaOH 溶液调节 pH＝7.0～7.5,加入蒸馏水定容至 1000 mL,分装后,于 121 ℃(1.034×10^5 Pa)高压灭菌 20 min,备用。

四、实验步骤

1. 培养大肠杆菌

(1)从新鲜培养的 LB 平板上挑取大肠杆菌单菌落,将其接种于 3～5 mL 的 LB 液体培养基中,于 37 ℃条件下 200 r/min 振荡培养 12～16 h。

(2)将上述培养物以 1∶100～1∶50 的比例接种到 100 mL 新鲜的 LB 液体培养基中,37 ℃条件下 220 r/min 振荡培养 2～3 h,直至 OD＝0.3～0.5(肉眼对光可以观察到菌液略有混浊)。

注意:制备感受态细胞的菌液应收获处于对数生长期的细胞,其 OD 值不要高于 0.6。

2. 冷氯化钙法制备感受态细胞

(1)将 OD=0.3～0.5 培养液转入到提前预冷的 50 mL 无菌离心管中,在冰上放置 10 min,使培养物充分冷却,4 ℃条件下 5 000 r/min 离心 10 min,弃上清,将离心管倒置 1 min,以使残留的培养液流尽。

(2)每 50 mL 的上述培养液离心后的沉淀用 30 mL 预冷的 0.1 mol/L $CaCl_2$ 轻轻吹打重悬,充分重悬后置于冰上 30 min,4 ℃条件下 5 000 r/min 离心 10 min,弃上清,将离心管倒置 1 min,以使残留的培养液流尽。

(3)每 50 mL 上述初始培养物的沉淀中加入 2 mL 预冷的 0.1 mol/L $CaCl_2$,轻轻吹打重悬沉淀,冰上放置 1 h。

注意:制备的感受态细胞可以直接用于转化;也可以将感受态细胞放置在 4 ℃冰箱中,1～7 天内使用完毕;或者将感受态细胞各取 200 μL,转移到无菌的 1.5 mL 离心管中,并向每管中加入 30 μL 80% LB 甘油保存液,使甘油的终浓度约为 10%,−80 ℃长期保存。

3. 转化

(1)新制备或者从−80 ℃冰箱中取出的 200 μL 感受态细胞存储液,冰上融化。

(2)将待转化的 DNA 分子加入装有感受态细胞的 1.5 mL 离心管中(50 μL 感受态细胞可转化 25 ng DNA 分子,转化的 DNA 体积不应超过感受态细胞体积的 5%),轻弹离心管壁,使其混合,冰上放置 30 min。实验中需要至少设置一个阴性对照管:以相同体积的无菌水代替待转化的 DNA 分子,即阴性对照管中只含有感受态细胞。

(3)将离心管放入事先预热的 42 ℃水浴锅中热激 90 s,不要摇动离心管。热激后迅速放在冰上冷却,3～5 min。

注意:①整个转化实验必须在低温条件下进行,温度的波动会直接影响转化效率。所有的试剂和器皿都应事先在冰上预冷,感受态细胞的温度始终控制在 4 ℃以下。②热激转化实验的一个关键步骤,准确地达到热激温度和控制热激时间非常重要。

(4)向离心管中加入 800 μL SOC 液体培养基(不含抗生素),混匀后 37 ℃条件下 200 r/min 振荡培养 1 h,使细菌恢复到正常生长状态,并使得质粒编码的抗生素抗性基因得以表达。

(5)将培养后的上述菌液摇匀,取 100 μL 涂布在含有相应抗生素的 LB 筛选平板上,正置 30 min,待菌液被培养基完全吸收后,倒置培养皿,于 37 ℃条件下培养 12～16 h。转化实验应同时做 2 组对照:

对照组 1(阴性对照):将步骤(2)中的对照管进行与上面相同的步骤。正常情况下,在含抗生素的 LB 平板上应没有菌落出现。

对照组 2(阳性对照):将步骤(2)中的对照管在涂板时只取 5 μL 液涂布于不含抗生素的 LB 平板上。此组正常情况下应产生大量菌落。

注意:考虑到如果样品中成功转化的细胞可能比较少,也可以采用离心浓缩后涂平板的方法进行培养。将培养后的菌液置于离心机中 3500 r/min 离心 4 min,去除部分上清液,将剩余的约 200 μL 液体轻轻吹打使沉淀重悬,将全部重悬的菌液涂布在含有相应抗生素的 LB 筛选平板上。

4. 转化率的计算

培养结束后,统计每个培养皿中生长的菌落数。转化后在含有抗生素的 LB 平板上长出的菌落称为转化子,根据该培养皿中的生长的菌落数可计算出转化子的总数和转化频率,公式如下:

$$转化子总数＝菌落数×稀释倍数×转化反应原液总体积/涂板菌液体积$$

$$转化频率(转化子数/1\ mg\ 质粒\ DNA)＝转化子总数/质粒\ DNA\ 加入量$$

$$感受态细胞总数＝对照组\ 2\ 菌落数×稀释倍数×菌液总体积/涂板菌液体积$$

$$感受态细胞转化效率＝转化子总数/感受态细胞总数$$

五、实验结果与报告

1. 预习作业

常用的重组子的转化方法有哪些? 如何筛选连接正确的重组子?

2. 结果分析与讨论

(1)附上菌落照片(应标注各对照的生长情况),观察菌落生长状况。

(2)根据对照菌落数计算所用感受态细胞的转化效率。

六、思考题

1. 感受态细胞制备的原理是什么?

2. 影响感受态细胞转化率的因素有哪些?

实验十八　重组 DNA 的蓝白斑筛选

一、实验目的

1. 掌握重组质粒的转化方法和筛选方法。
2. 了解和掌握蓝白斑法筛选获得重组子的原理和方法。

二、实验原理

重组子转化是基因工程、分子遗传等研究领域的基本实验技术之一。对转化子进行筛选主要是基于其所带的抗性筛选和特殊的颜色筛选。由于大肠杆菌本身对氨苄西林和卡那霉素是不耐受的，而如果携带外源相应的抗性基因的质粒，进入到受体细胞中，其质粒载体上携带的氨苄西林或者卡那霉素的降解基因表达后就会表现出相应的抗性，因此只有携带相应质粒的转化菌才能够在含有对应抗生素的 LB 平板上正常生长。但是如果导入了空载体的受体细胞也是能够生长的，因此抗性筛选并不能鉴别转入的载体上是否真的整合了外源基因，这就需要借助于颜色筛选对转化子进行进一步的鉴别。目前颜色筛选有多种方法，而蓝白斑筛选发是重组子颜色筛选中最常用的一种方法。

蓝白斑筛选是重组子筛选的一种重要的方法，是根据载体的遗传特征对重组子进行筛选的方法。目前使用的许多载体都携带有一个大肠杆菌短的 DNA 区段，其中含有 lacZ(β-半乳糖苷酶)基因的调控序列以及前 146 个氨基酸的编码信息。在这个编码区中插入了一个多克隆位点(MCS)，它的插入并不破坏原本的阅读框，但可以使少数几个氨基酸插入到 β-半乳糖苷酶的 N 端而不影响其功能，这种载体适用于可编码 β-半乳糖苷酶 C 端部分序列的宿主细胞。因此，宿主和质粒编码的片段虽都没有酶活性，但它们同时存在时，可形成具有酶活性的蛋白质。这样，lacZ 基因在缺少近操纵基因区段的宿主细胞和带有完整的近操纵基因区段的质粒之间实现了互补，称为 α-互补。由 α-互补而产生的 LacZ⁺ 细菌在 IPTG 的诱导作用下，在 X-Gal 这一生色底物存在时，会产生蓝色的菌落，因而易于识别。然而，当外源 DNA 被插入到质粒的多克隆位点之后，几乎不可避免地导致质粒表达产生无 α-互补能力的 N 端片段，使得转化了重组质粒的细菌的菌落成白色。这些重组子的结构可以通过限制性内切酶酶切或者其他的方法进一步进行分析。

三、实验仪器、材料与主要试剂

1. 仪器

微量移液器、灭菌 1.5 m 离心管、灭菌枪头、接种针、灭菌三角瓶、培养皿、酒精灯、台式离心机、恒温水浴锅、超净工作台、恒温培养箱、制冰机、恒温摇床。

2. 材料

已连接好的重组质粒和大肠杆菌感受态细胞(以 JM109 菌株为例)。

大肠杆菌 BL21(DE3)、JM109、HB101 或 DH5α。

3. 主要试剂

100 mg/mLIPTG、50 mg/mL X-Gal、100 mg/mL 氨苄西林(Amp)母液、LB 液体培养基、LB 固体培养基(含 Amp)、SOC 液体培养基。

四、实验步骤

1. 从 −80 ℃ 冰箱中取出 3 管制备好的大肠杆菌感受态细胞,融化细胞并迅速放置在冰浴中。

注意:在该实验过程中,必须设置阴性和阳性两类对照。

阳性对照一般为已知含量的质粒转化进入感受态细胞,用来估计本次实验的转化效率,并可以用来指导分析实验失败的原因。因为一般情况下,质粒带有抗性基因,转化后阳性对照的板上应有菌落出现,并可以根据菌落的数量来计算转化效率。

阴性对照一般为只有感受态细胞,质粒用水代替,并正常的涂布在含有抗生素的平板上,用来消除可能的污染或者用来指导分析实验失败的原因。一般情况下,由于阴性对照板上只有感受态细胞,本身不含抗性基因,因此不能够在含有抗生素的平板上生长,不应该有菌落出现。有的时候,如果试验失败了,为了进一步分析可能得原因,还需要将只有感受态细胞的对照涂布于不含抗生素的平板上,用来检测感受态细胞是否合格,如果感受态细胞是合格的,应该会在板上长满菌落。

2. 将 5~10 μL 连接产物迅速地加入装有感受态细胞的 1.5 mL 离心管中,其中一管为阴性对照,即不含连接产物的对照,用无菌水代替连接产物。轻轻混匀后,冰浴 30 min。

注意:连接产物和细胞的混合时间在 30~60 min,60 min 最佳,可使较多的 DNA 分子与细胞表面结合。转化反应必须保持在冰浴条件下进行,温度的变化会直接影响感受态细胞转化效率。

3. 将离心管放入 42 ℃ 恒温水浴中,热激 90 s。

注意:热激的过程必须严格控制温度和时间,温度和时间的改变会极大地影响感受态细胞的转化效率。热激的时间过长会导致细菌大量死亡。

4. 热激后,迅速将离心管放于冰浴中 1～2 min 使其冷却,然后加入 800 μL SOC(或者 LB)液体培养基,在 37 ℃ 培养箱中,200 r/min 振荡培养 60 min。

注意:热激处理后,要迅速地将离心管放于冰浴中冷却,通过温度的极速变化可以提高感受态细胞的转化效率;如果加入 37 ℃ 预热的 SOC 液体培养基也可以提高细菌表达效率。

5. 5 000 r/min 离心 5 min,弃部分上清,剩余约 200 μL 上清,将沉淀重悬。

6. 在重悬的菌液中加入 100 mg/mL IPTG 8 μL 和 50 mg/mL X-gal 16 μL,轻轻混合均匀,在超净台中将菌液用细菌涂布棒均匀的涂布在含有 Amp 的 LB 固体培养基上,室温下在超净台内放置至表面液体吹干。

7. 将涂布好且干燥的平板倒置放入 37 ℃ 培养箱中,培养 14～16 h,观察转化结果。

8. 用接种针(或无菌牙签)挑取白色单菌落,进行菌液 PCR 验证,或者挑取白色单菌落,将其接种于 5 mL 含有相应抗生素的 LB 液体培养基(或 SOC 液体培养基)中,37 ℃ 250 r/min 振荡培养过夜。

注意:挑选阳性重组质粒的条件:菌落呈白色、圆形、透明或者半透明状,且周围没有大量菌斑。

9. 根据碱裂解法提取上述菌液中的质粒 DNA,保存待检测。

五、实验结果与报告

1. 预习作业

蓝白斑筛选的原理是什么?

2. 结果分析与讨论

附上菌落照片(应标注各对照的生长情况)。如果转化平板上只有蓝斑,可能的原因是什么? 如果白斑多蓝斑少是什么原因?

六、思考题

蓝白斑筛选后平板上白斑比蓝斑多的原因是什么?

实验十九　酶联免疫吸附测定法（ELISA）

一、实验目的

1. 了解酶联免疫吸附法的基本原理。
2. 掌握间接酶联免疫吸附测定法的原理和实验过程。

二、实验原理

瑞典的 Engvall 等人于 1971 年分别用纤维素和聚苯乙烯试管作为固相载体，吸附抗原或者抗体，建立了酶联免疫吸附法（Enzyme Linked Immunosrbent Assay，简称 ELISA）。Voller 等人在 1974 年又改进条件，使用聚苯乙烯微量反应板作为免疫吸附的固相载体，使得 ELISA 法得以进一步推广应用。ELISA 法除了可以保持抗体、抗原高度特异性的反应外，由于使用到带有标记的酶的酶促反应，反应效果进一步被放大，这就使得测定的灵敏度可以达到 ng 甚至 pg 级的水平。这不仅接近于放射性免疫测定的检出水平，同时又避免了使用同位素检测所需要的各种反应条件和产生的弊端。目前，ELISA 法广泛应用在医学临床上、生物学研究上，用于测定各种抗原、半抗原和抗体。ELISA 法的应用广泛，特别是在研究单克隆抗体的过程中，为筛选杂交瘤细胞株，提供了快速、简便、灵敏的测定方法。现在国内的研究单位和公司已经可以大量地供应各种各样的 ELISA 测定试剂盒，为测定各种抗原/抗体提供了极大的方便。

在 ELISA 法检测过程中，只进行一次酶促反应，而抗原和抗体的免疫反应则可以进行一次或者多次，即可用二抗（抗抗体）或者三抗多次进行免疫反应，这一过程可以根据实验需要自行设计。目前所用的酶标抗体也多种多样，可以根据实验需要进行选择，便于各种目的蛋白的 ELISA 测定。实验过程中常用的 ELISA 测定方法有以下几种：

1. 间接法测定抗体

首先将定量的已知抗原吸附在聚苯乙烯微量反应板（ELISA 板）的反应孔内，加入待检测的抗体（如待筛选的杂交瘤细胞株的组织或者培养上清液），一定温度下反应后洗涤除去未结合的蛋白质，向反应孔中加入酶标抗抗体，反应后洗涤，再加入反应底物保温处理后,加入酸或者碱液,以中止酶促反应,用目测或者光电比色测定法测定目标抗体含量。

2. 双抗体夹心法测定抗原

首先将用目标抗原免疫的第一种动物所获得的特异性抗体的免疫球蛋白吸附在 ELISA 板的反应孔内,经过洗涤除去未吸附的多余抗体;随后向孔中加入含有目标抗原的待检测测溶液,一定温度下反应形成抗原-抗体复合物,经过洗涤除去不反应的杂蛋白;再加入目标抗原免疫的第二种动物获得的特异性抗体,由于抗原是多价的并不会被第一抗体饱和,经保温反应后则可以形成抗体-抗原-抗体复合物,经过洗涤后加入酶标抗抗体(抗免疫第二种动物获得的抗体的抗体),经保温反应后加入底物进行显色反应,然后终止酶活性,用光电比色测定法测定目标抗原的量。由于该方法要求抗原是多价的,故对于半抗原的检测不适用。

3. 竞争法测定抗原

将含有针对目标抗原的特异性抗体的免疫球蛋白吸附在相同的甲和乙两个载体中,然后在甲中加入酶标抗原和待检测抗原,在乙中只加入酶标抗原,乙中加入的入酶标抗原浓度与甲中加入的酶标抗原的浓度相同,经保温反应后,加入底物反应显色。待检测液中目标抗原量愈多,则酶标抗原竞争结合的量就会愈少,显色产物就愈少,以此便可以检测出目标抗原的量,即等于甲与乙底物降解量的差值。

三、实验仪器、材料与主要试剂

1. 仪器

酶标板,微量移液器和吸头、冰箱、恒温箱、洗板器、分光光度计。

2. 材料

(1)酶标羊抗兔 IgG。

(2)抗原:正常人的 A、B、O 混合血清。

(3)抗体:兔抗正常人 A、B、O 混合血清的抗血清。

3. 主要试剂

(1)包被液(pH9.6):准确称取碳酸钠 1.59 g,碳酸氢钠 2.93 g,加蒸馏水溶解后,定容至 1000 mL,加入 0.02%NaN_3,4 ℃可保存约两周。

(2)洗涤液:准确称取磷酸二氢钾 0.2 g,磷酸氢二钠 2.9 g,氯化钠 8.0 g,氯化钾 0.2 g,NaN_3 0.2 g,加 800 mL 蒸馏水溶解,加入 0.5 mL Tween-20,加水定容至 1 000 mL,4 ℃保存备用。

(3)底物溶液:0.1 mol/L pH=5 的磷酸盐-柠檬酸缓冲液(含 0.4 mg/mL 邻苯二胺),使用前现加 30%过氧化氢(1.5 μL/mL)。

(4)终止液:2 mol/L硫酸。

四、实验步骤

1. 抗原稀释
用包被液将正常人的A、B、O混合血清稀释200 000倍。

2. 抗原包被
取酶标板,左侧第一列(4行)孔加入蒸馏水作为空白对照,从左侧第二列(4行)孔起,到第12列(4行)孔分别加入抗原。加入的量分别为 5 μL,10 μL,15 μL,……,然后用包被液补齐上述各孔至每孔200 μL。将酶标板置于4 ℃包被过夜。

3. 洗涤
取出酶标板,将孔内的溶液甩干,每孔加入200 μL的洗涤液,放置在洗板器上振荡洗涤3～5 min,用力甩干孔内溶液。重复此操作,洗涤3次。

4. 抗体稀释
用洗涤缓冲液将兔抗正常人的A、B、O混合血清的抗血清稀释500～1 000倍。

5. 抗原抗体反应
向每孔中加入稀释后的兔抗血清200 μL,置于37 ℃保温反应1～2 h。

6. 洗涤
取出酶标板,将孔内的溶液甩干,每孔加入200 μL的洗涤液,放置在洗板器上振荡洗涤3～5 min,用力甩干孔内溶液。重复此操作,洗涤3次。

7. 加入酶标抗体
用洗涤缓冲液将酶标羊抗兔IgG抗体稀释1 000～2 000倍。加入200 μL稀释后的抗体,置于37 ℃保温1～2 h。

8. 洗涤
取出酶标板,将孔内的溶液甩干,每孔加入200 μL的洗涤液,放置在洗板器上振荡洗涤3～5 min,用力甩干孔内溶液。重复此操作,洗涤3次。

9. 向每孔中加入底物溶液150 μL,室温、暗处反应20～30 min,然后加入50 μL 2 mol/L硫酸终止反应。

注意:各种免疫酶标技术,都是以某种显色反应来揭示其待检测物质的含量。不同的酶需要选择相应的反应底物,然后得到不同的颜色显示,可参见19-1表。

10. 比色测定
在492 nm波长下使用分光光度计,进行比色测定,记录结果并加以分析。

表 19 - 1   不同底物的显色反应

酶	底物	显色反应	测定波长（nm）
辣根过氧化物酶	二氨基联苯胺	深褐色	沉淀
	5 -氨基水杨酸	棕色	449
	邻苯二胺	橘红色	492/460
	邻联甲苯胺	蓝色	425
碱性磷酸酶	4 -硝基酚磷酸	黄色	400
	萘酚- As - Mx -磷酸盐＋重氮盐	红色	500
葡萄糖氧化酶	ABTS＋HRP＋葡萄糖	黄色	405
	葡萄糖＋甲硫酸酚嗪＋噻唑蓝	深蓝色	420

五、实验结果与报告

1. 预习作业

酶联免疫吸附的基本原理是什么？

2. 结果分析与讨论

附上酶标板终止反应后的图片，并标注 OD 值。分析结果是否呈线性变化，如果不符合分析原因是什么？

六、思考题

1. 酶标板显色淡，灵敏度底的原因可能有哪些？

2. 背景深，空白孔中也有显色的可能原因是什么？

3. 重复孔的 OD 值误差较大可能的原因有哪些？

实验二十　DNA 印迹杂交技术(Southern 印迹)

一、实验目的

1. 掌握 DNA 分子杂交的基本原理,学会基本操作。
2. 掌握采用 Southern 杂交检测目的基因是否存在的方法及操作步骤。

二、实验原理

分子杂交(molecular hybridization)是分析蛋白质和核酸的一种重要实验方法,主要用来检测混合的样品中特定的蛋白质分子或者核酸分子是否存在,以及它们的相对含量。分子杂交的基本原理是将待测的单核酸分子或者蛋白质分子和已知序列的单链核酸(探针)或者抗体之间,通过碱基互补配对或者免疫反应而形成一定的可检出的信号。在分子杂交的过程中,其核心技术是印迹转移技术,就是将DNA 或者 RNA,以及蛋白质先在凝胶上分离,根据不同的相对分子质量,将其中的分子在凝胶上分离开,然后通过影印的方法将凝胶上的样品转移到相应的固相支持物上。印迹过程完成之后,利用带有标记的探针或者抗体,同膜上的核酸分子或者蛋白质分子进行分子杂交,这样就可以判断样品中是否存在和探针同源的核酸分子或者和抗体反应的蛋白质分子,同时还可以推测该分子的相对分子质量大小。

根据被检测的实验对象不同,分子杂交可以分为三大类:

1. DNA 印迹杂交(Southern blot):是将 DNA 分子片段经过电泳分离,将其从凝胶中转移到尼龙膜或者硝酸纤维素滤膜(NC 膜)上,然后与特异性的分子探针杂交。该实验被检测的对象是 DNA,探针则是 DNA 或者 RNA 分子。

2. RNA 印迹杂交(Northern blot):是将 RNA 分子片段经电泳分离,将其从凝胶中转移到硝酸纤维素滤膜上,然后与特异性的分子探针杂交。该实验被检测的对象是 RNA,探针则是 DNA 或者 RNA 分子。

3. 蛋白质印迹杂交(Western blot):是将蛋白质样品利用 SDS-PAGE 凝胶电泳分离后,将其从凝胶中转移到滤膜上,然后与相应的抗体以免疫反应的形式进行杂交。被检测的对象为蛋白质分子,探针是针对该蛋白质分子的特异性抗体。

Southern 印迹杂交是将待检测的 DNA 分子片段结合到某种固体支持物上，然后利用特定的手段来检测其通过碱基互补配对原则和存在于液体中的带有标记的核酸探针分子之间的杂交。DNA 印迹杂交分析过程一般包括：DNA 酶切电泳、印迹、固定、杂交和检测五个步骤。首先利用限制性内切酶对 DNA 分子进行适当切割，通过琼脂糖凝胶电泳将 DNA 片段按其相对分子质量大小进行分离。然后将琼脂糖凝胶中的 DNA 分子进行变性处理，并将凝胶中的单链 DNA 分子移到NC 膜或其他的固相支持物上，而转移到膜上的核酸片段会保持其在凝胶上的原有相对位置不变。再用带有标记的探针分子与 NC 膜或固相支持物上的 DNA 片段通过碱基配对进行杂交。最后洗去游离的未杂交的探针分子，通过放射性自显影或其他显色反应等方法，检测杂交反应情况。

Southern 印迹技术根据其印迹转移过程所采取的原理及装置的不同，可以分为三类：毛细虹吸法、电转移法和真空转移法。毛细虹吸法是较为传统的方法，因为其操作简单易学，且经济方便，目前仍被实验者广泛的使用。而后两种电转移法和真空转移法，转移 DNA 样品更完全，耗时更短，尤其适合对大片段 DNA 的转移和某些特殊的样品转移过程，但是由于这两种方法都需要额外添置特殊仪器，经济成本较高。

三、实验仪器、材料与主要试剂

1. 仪器

电泳仪、水平电泳槽、恒温水浴箱、封口机、电转移装置、可调式移液器杂交袋。

2. 材料

GAPDH PCR 片段、pUC18/GAPDH、pUC18. NC 膜

3. 主要试剂

(1)5×TBE 缓冲液

Tris	5.4 g
硼酸	2.75 g
0.5 mol/L EDTA(pH 8.0)	2 mL
ddH$_2$O	定容至 100 mL

(2)20×SSC 缓冲液

NaCl	17.53 g
柠檬酸钠	8.82 g
用 10 mol/L NaOH	调 pH 至 7.0
ddH$_2$O	定容至 100 mL

(3)10％ SDS(十二烷基磺酸钠)

SDS	10 g
ddH$_2$O	定容至 100 mL

(4)10％十二烷基肌氨酸钠(N-lauroyl sarcosine)

十二烷基肌氨酸钠	10 g
ddH$_2$O	定容至 100 mL

(5)变性液

5 mol/L NaOH	4 mL
1 mol/L Tris-Cl(pH 7.6)	15 mL

(6)中和液:1.5 mol/L NaCl,1 mol/L Tris-HCl(pH 7.4)。

(7)TS 溶液

5 mol/L NaCl	3 mL
1 mol/L Tris-Cl(pH 7.6)	10 mL
ddH$_2$O	定容至 100 mL

(8)1％封闭液

封闭剂	2 g
TS 溶液	200 mL

临用前 50～70 ℃预热 1 h 促进溶解

(9)TSM 缓冲液

5 mol/L NaCl	2 mL
1 mol/L Tris-Cl(pH 9.5)	10 mL
1 mol/L MgCl$_2$	5 mL
ddH$_2$O	定容至 100 mL

(10)预杂交液

20×SSC	25 mL
10％SDS	0.2 mL
10％十二烷基肌氨酸钠	1 mL
封闭剂	1 g
TS 溶液	20 mL
ddH$_2$O	定容至 100 mL

(11)杂交液(临用前配制)

预杂交液	50 mL
变性探针	50 μL

（12）显色液

NBT	135 μL
BCIP	105 μL
TSM	30 mL

（13）抗地高辛标记酶联抗体（抗体-Dig-Ap）

（14）6×上样缓冲液。

（15）琼脂糖。

（16）限制性内切酶：EcoR I, BamH I。

四、实验步骤

1. DNA 酶切

pUC18/GAPDH	10 μg
10×酶切缓冲液	2 μL
EcoRI	1 μL
BamHI	1 μL

ddH$_2$O 补齐至 20 μL，37 ℃孵育 2～3 h。

注意：选择合适的限制性内切酶进行酶切反应，使目的片段的大小为 0.5～10 kb。片段过大，印迹转移的效果较差，杂交时间较长；片段过小，则 DNA 分子容易扩散，从而使得杂交的条带模糊，并且片段大小在 300 bp 以下的 DNA 与 NC 膜结合的效率较差。若实验中需要分离较大的片段进行杂交，可以在电泳分离之后，再经 HCl 处理脱嘌呤，经碱降解形成小片段，之后再进行印迹转移。

2. 琼脂糖凝胶电泳

（1）取一个洁净的 250 mL 三角烧瓶，准确称取 0.5 g 琼脂糖，加入 50 mL 0.5×TBE 缓冲液，即配成了 1％琼脂糖溶液，混匀后用微波炉加热至充分融化。

注意：加热过程中要不断摇晃三角烧瓶，防止溶液沸腾溢出。

（2）准备制胶板，插上相应的梳子。待凝胶溶液冷却至 60 ℃左右时，向三角烧瓶中加入 1～2 μL EB（或按比例加入其他核酸染料），轻轻摇晃混匀，将溶液缓慢的倒入到制胶板中，防止气泡产生。室温下放置 30 min，待凝胶完全冷却凝固后，拔出梳子。

（3）将凝胶连同制胶板一同放入电泳槽中，倒入适量 1×TBE 电泳缓冲液，以溶液刚好没过凝胶表面 1～2 mm 为宜。

（4）按表 20－1 顺序上样，60 V 电泳 1～2 h。

表 20 - 1　上样顺序

一道	二道	三道	四道	五道
Marker	pUC18	pUC18/GAPDH(酶切)	GAPDH PCR 产物	GAPDH PCR 产物
2 μL	3 μL	15 μL	15 μL	15 μL

3. 印迹转移

(1)取 NC 膜剪成比电泳的凝胶稍大一些的大小,并剪去膜的一角用以确定膜的正反面位置,将膜浸泡在 0.5×TBE 中 15 min。同时剪十张与 NC 膜相同大小的滤纸,将其浸泡在 0.5×TBE 缓冲液中。

(2)取 3~5 张浸泡后的滤纸,将其平铺在石墨电极的下板(正极)上,用玻璃管滚动以使气泡充分排出,保证滤纸于电极完全接触,并保持平整。

(3)按同样的方式,将用缓冲液浸泡后的 NC 膜平铺在上述滤纸上,保持 NC 膜的光滑面朝上。

(4)将电泳后的琼脂糖凝胶切去一角以作标记,小心地将其转移到 NC 膜上,凝胶的缺角与 NC 膜上的缺角对齐,并使上样的孔朝上。再在凝胶的上面逐层铺盖上 3~5 张浸湿的厚滤纸,并充分排出气泡。

(5)盖上电极的上板(负极),下板接通正极,上板接通负极,在 15 V 恒压条件下(电流大约为 0.8 mA/cm^2 胶),电转移 2 h。

4. 变性固定

(1)将电转移结束后的 NC 膜取出,用紫外灯照射以检查转移的效果,若 NC 膜上可以见到荧光,而凝胶中没有荧光,则说明转移的较完全。用铅笔在 NC 膜的背面(没有附着 DNA 分子的一面)做上标记,并标明上样孔的位置。

(2)将 NC 膜用滤纸吸干。取两只一次性的 PE 手套分别铺在台面上,一只手套上加 1 mL 变性液,另一只手套上间隔着加两个 1 mL 中和液(也可以将变性液和中和液分别加在滤纸上)。

(3)将 NC 膜的正面朝上平铺在变性液上,变性 5~10 min。

注意:此过程不要让变性液流到 NC 膜的光面上。

(4)用同样的方法再将 NC 膜平铺在中和液上,中和两次,每次 5 min。

(5)用两张干燥的滤纸将 NC 膜夹在中间,80 ℃条件下烘干 1~2 h,或者放在紫外交联仪中,正面朝上,照射 5 s。

5. 探针标记

模板 DNA　　　　　　　　　　　1 μL

ddH$_2$O　　　　　　　　　　　　14 μL

将上述样品混合均匀,沸水浴中加热 5 min,迅速置于冰浴中冷却 5 min,随后加入如下组分:

六联体随机引物	2 μL
dNTP 混合液(含 dig-11-dUTP)	2 μL
Klenow 酶	1 μL

混合均匀,短暂离心数秒,37 ℃水浴孵育 4～20 h,随后加入如下组分:

0.2 mol/L EDTA	1 μL

立即混合均匀,再加入如下组分:

4 mol/L LiCl	2.5 μL
无水乙醇(−20 ℃预冷)	75 μL

混合均匀,−20 ℃条件下放置 1～2 h,4 ℃ 12 000 g 离心 10 min,弃上清液保留沉淀。将沉淀室温下放置 20 min 晾干,然后用 50 μL TE 缓冲液溶解沉淀,于−20 ℃保存备用。用前在 95～100 ℃条件下变性 5 min,再置于冰浴中冷却 5 min。

6. 预杂交(30 cm² NC 膜)

(1)将 NC 膜浸泡在 5×SSC 中 2 min,然后放入干净的保鲜袋中,用热压机封边,保证每边至少保留 0.5 cm 的空间,留一边加液体。

(2)将预杂交液置于 50 ℃水浴锅中预热,然后取 110 mL 预杂交液加入杂交袋中,尽量排出杂交袋中的空气,用热压机封口。

(3)在 50 ℃恒温条件下,预杂交 1 h 以上,期间不时摇动。

7. 杂交(30 cm² NC 膜)

(1)取出杂交袋,剪开一角倾倒去除预杂交液,或者更换新的杂交袋,向其中加入 5 mL 的杂交液(含 5 μL 变性探针),排出杂交袋中的空气,用热压机封口。

(2)将杂交袋置于 58 ℃恒温水浴锅中,杂交过夜(至少 6 h)。

注意:①预杂交时,要保证预杂交液充足;水浴保温时,杂交袋要展平,否则会影响杂交本底;②避免将浓缩的 DNA 探针母液直接加入杂交袋中,防止局部反应导致背景过深;③操作过程中,应尽量排尽气泡。如果在印迹过程中,凝胶与 NC 膜之间有气泡,气泡所在的部位会产生高阻抗点,产生低效印迹区;如果是杂交袋中有气泡,气泡的部位杂交反应和显示反应都会受到影响。

8. 洗膜

将 NC 膜置于 50 mL 2×SSC,0.1% SDS 溶液中,室温洗膜 5 min,洗两次;

将 NC 膜置于 50 mL 0.1×SSC,0.1% SDS 溶液中,55 ℃洗膜 10 min,洗两次。

9. **酶联免疫检测**

（1）偶联反应

① 用 TS 缓冲液室温下洗膜 2 min。

② 用 50 mL 1×blocking，室温下洗膜 30 min，轻轻摇动。

③ 用 TS 缓冲液按 1∶10 000 的比例稀释抗体-Dig-Ap 至浓度为75 mU/mL，将 NC 膜封入杂交袋中，加入稀释后的抗体 5 mL，轻轻摇动反应 50 min。

④ 用 TS 缓冲液 50 mL，室温下洗膜 2 min。

（2）显色反应

① 用 TS 缓冲液 20 mL 平衡 NC 膜 2 min。

② 将 NC 膜再次装入杂交袋中，加入显色液 5 mL，尽量排出杂交袋中的空气，用热压机封口，避光条件下反应 30 min 左右。

③ 取出 NC 膜，用 50 mL 的 TE 洗膜 5 min，终止显色反应。

④ 80 ℃条件下烤干，或者在紫外交联仪中烘干保存。

注意：烤膜处理的温度不宜超过 90 ℃，因为过高的温度会导致 NC 膜变脆；显色反应过程应当避光，并且一旦加入显色液，应尽快使膜浸泡均匀，平放静置不要晃动，绝对不要振摇或搅拌，以免杂交条带或点发生显色位移。此外，最好每张膜都单独显色，防止膜重叠而导致多张膜之间的条带或者点相互污染。

五、实验结果与报告

1. 预习作业

熟悉 Southern 杂交的操作步骤，并思考该步骤在 Southern 杂交中的影响和作用。

2. 结果分析与讨论

（1）附上 Southern 杂交检测图，并对检测结果进行描述和分析。

（2）根据实验结果，总结 Southern 杂交的关键步骤和注意事项，并结合自己的实验结果提出改进的办法。

六、思考题

1. DNA 分子杂交技术是利用核酸分子杂交而发展起来的一项技术，还有哪些技术利用了此原理？

2. 应用 DNA 分子杂交技术可以做哪些方面的工作？

实验二十一　RNA 印迹杂交技术
（Northern 印迹）

一、实验目的

1. 掌握 Northern 杂交的基本原理，学会基本操作。
2. 掌握采用 Northern 印迹检测目的基因是否存在的方法及操作步骤。

二、实验原理

分子杂交（molecular hybridization）是分析蛋白质和核酸的一种重要实验方法，主要用来检测混合的样品中特定的蛋白质分子或者核酸分子是否存在，以及它们的相对含量。分子杂交的基本原理是将待测的单核酸分子或者蛋白质分子和已知序列的单链核酸（探针）或者抗体之间，通过碱基互补配对或者免疫反应而形成一定的可检出的信号。在分子杂交的过程中，其核心技术是印迹转移技术，就是将DNA 或者 RNA，以及蛋白质先在凝胶上分离，根据不同的相对分子质量，将其中的分子在凝胶上分离开，然后通过影印的方法将凝胶上的样品转移到相应的固相支持物上。印迹过程完成之后，利用带有标记的探针或者抗体，同膜上的核酸分子或者蛋白质分子进行分子杂交，这样就可以判断样品中是否存在和探针同源的核酸分子或者和抗体反应的蛋白质分子，同时还可以推测该分子的相对分子质量大小。

根据被检测的实验对象不同，分子杂交可以分为三大类：

1. DNA 印迹杂交（Southern blot）：是将 DNA 分子片段经过电泳分离，将其从凝胶中转移到尼龙膜或者硝酸纤维素滤膜（NC 膜）上，然后与特异性的分子探针杂交。该实验被检测的对象是 DNA，探针则是 DNA 或者 RNA 分子。

2. RNA 印迹杂交（Northern blot）：是将 RNA 分子片段经电泳分离，将其从凝胶中转移到硝酸纤维素滤膜上，然后与特异性的分子探针杂交。该实验被检测的对象是 RNA，探针则是 DNA 或者 RNA 分子。

3. 蛋白质印迹杂交（Western blot）：是将蛋白质样品利用 SDS-PAGE 凝胶电泳分离后，将其从凝胶中转移到滤膜上，然后与相应的抗体以免疫反应的形式进行杂交。被检测的对象为蛋白质分子,探针是针对该蛋白质分子的特异性抗体。

　　Northern 杂交的应用范围是用来检测细胞或者组织中是否存在与探针分子同源的 RNA 分子,从而可以判断某个特定的基因在转录水平上是否表达,并测定其表达量。Northern 杂交的实验过程与 Southern 杂交十分相似。两条具有一定同源性的核酸单链,在一定适宜的条件下(合适的温度和离子强度等)可按碱基互补配对的原则进行退火,从而形成双链。Northern 杂交实验的双方是待检测的 RNA 核酸序列和分子探针,它们分别是 mRNA 和 cDNA。mRNA 从细胞或者组织中分离纯化得到的;为了方便示踪,用来检测目标 RNA 的已知核酸片段(探针)必须利用放射性核素或者非放射性的标记物进行标记,该操作的基本流程是:①使用琼脂糖凝胶电泳将提取的待检测的核酸(总 RNA 或者 mRNA)进行分离;②将分离后的核酸片段从凝胶上转移到尼龙膜或者 NC 膜上,转移到膜上的核酸片段会保持其在凝胶上的原有相对位置不变;③用带有标记的 cDNA 探针同尼龙膜或者 NC 膜上的 mRNA 进行杂交,洗去游离的没有杂交的探针分子,通过于探针上所带的标记相应的放射自显影等方法,显示带有标记的探针位置。由于探针分子已经同待检测的核酸片段中有同源性的序列形成了杂交分子,探针分子所显示的位置及其含量和大小,就反映了待检测的核酸分子与其同源的相应的基因的存在及其含量和大小,即得到了含特定 mRNA 的丰度,从而了解到该基因在转录水平上的表达情况。

三、实验仪器、材料与主要试剂

1. 仪器

微量移液器、恒温水浴箱、高压蒸汽灭菌锅、磁力搅拌器、pH 计、电泳仪、凝胶成像系统、真空转移仪、真空泵、UV 交联仪、杂交炉、电炉(或微波炉)、恒温摇床、脱色摇床、涡振荡器等。

2. 材料

提取的总 RNA 样品或者 mRNA 样品,探针模板 DNA(25 ng)、尼龙膜等。

3. 主要试剂

(1)10×FA gel Buffer(1000 mL)

200 mm MOPS	41.9 g
50 mmol/LNaAc	17.9 mL 3 mol/LNaAc
10 mmol/L EDTA	20 mL 0.5 mol/L EDTA

加入 800 mL DEPC 水,充分溶解,使用 10 mol/L NaOH 将 pH 调至 7.0。

(2)1×FA gel running Buffer(1000 mL)

10×FA gel Buffer	100 mL

37%(12.3 mol/L)formaldehyde	20 mL
DEPC 水	880 mL

(3)20×SSC(1000 mL pH 7.0)

NaCl	175.3 g
柠檬酸钠	88.2 g

调节 pH 至 7.0,加入 ddH₂O 定容至 1000 mL

(4)50×Denhardt 溶液

1%Ficoll 400(聚蔗糖)	10 g
1%聚乙烯吡咯酮,PVP	10 g
1% BSA Fraction V 牛血清白蛋白	10 g

溶于 1000 mL H₂O 中,−20 ℃保存。

(5)预杂交液

5×SSC	250 mL 20×SSC
5×Denhardt 溶液	100 mL 50×Denhardt 溶液
50 mmol/L 磷酸缓冲液(pH 7.0)	50 mL 1 mol/L 磷酸缓冲液
0.2% SDS	2 g
50%甲酰胺	500 g

加 ddH₂O 至 1000 mL。

(6)杂交液

5×SSC	250 mL 20×SSC
5×Denhardt 溶液	100 mL 50×Denhardt 溶液
20 mmol/L 磷酸缓冲液(pH 7.0)	20 mL 1 mol/L 磷酸缓冲液
10% SDS	100 g
50%甲酰胺	500 g

加 ddH₂O 至 1000 mL。

(7)X 线片

(8)显影液

(9)2×洗膜缓冲液:2×SSC 加入 0.1% SDS。

(10)0.5×洗膜缓冲液:0.5×SSC 加入 0.1% SDS。

(11)TE buffer:10 mmol/L Tris-HCl、1 mmol/L EDTA pH 8.0。

四、实验步骤

1. 制备变性凝胶

(1)准确称取 1.5 g 不含 RNA 酶的琼脂糖,加入 15 mL 10×FA gel Buffer,用

DEPC 水定容至总体积为 150 mL。

(2)微波炉加热熔化凝胶,待温度冷却至 65 ℃,加入 1.35 mL 37% Formal dehyd 和 2 μL 10 mg/mL EB(或其他核酸染料)。

注意:如果琼脂糖凝胶的浓度高于 1%,凝胶的厚度大于 0.5 cm,或者待检测的 RNA 分子量大于 2.5 kb,需先将凝胶置于 0.05 mol/L 的 NaOH 溶液中浸泡 20 min,部分水解 RNA,这样可以提高转移效率。浸泡后的凝胶需要用 DEPC 处理过的水进行淋洗,并用 20×SSC 溶液再次浸泡凝胶 45 min。然后再将凝胶上的样品转移到膜上。

2. 样品的制备

将 10 μL 大约 20 μg 的 RNA 样品和 2.5 μL 5×Loading Buffer 充分混匀, 65 ℃加热 10 min,置于冰上。

3. 电泳

(1)取 15～40 μL 上述处理好的样品上样,在 50 V 条件下电泳大约 2 h,直至染色剂跑到变性凝胶的边缘为止。

注意:电泳过程中,需要使用相对分子质量已知的 RNA 作为标准参照物。

(2)电泳结束后,切下相对分子质量已知的 RNA 作为标准参照物的凝胶条, 将凝胶浸泡到含有溴化乙锭的染色液中 30～40 min,在紫外灯下进行拍照,根据每个 RNA 分子条带到上样孔的距离,以已知的 RNA 片段大小的 Ig 值对 RNA 条带的迁移距离作图,以此来计算得到杂交 RNA 相对分子质量。

4. 将变性 RNA 转移到 NC 膜上

(1)用刀片切割凝胶,去掉未用的凝胶边缘区域,把含 RNA 分子片段的变性凝胶转移到玻璃平皿中。

(2)在一个较大的玻璃平皿中放一个小的玻璃平皿或一叠玻璃作为操作平台, 上面放置一张 Whatman 3MM 滤纸,加入 20×SSC 缓冲液,使缓冲液的液面略低于操作平台表面,当平台上面的滤纸完全湿透后,用玻璃棒轻轻地赶出所有气泡。

(3)将一块切割好的与凝胶大小一致的尼龙膜,用去离子水先浸湿,然后转入到 20×SSC 缓冲液中浸泡 30 min。

注意:整个实验的操作过程中,需要佩戴手套,不能直接用手接触尼龙膜。

(4)将变性凝胶放置于平台上完全浸湿的 3MM 滤纸的中间,放置时保证滤纸和凝胶中间不能有气泡。

(5)将尼龙膜放置在变性凝胶上,小心不要使其移动,赶出膜与凝胶间的气泡, 并做好记号。

(6)再用 20×SSC 缓冲液浸湿一层 Whatman 3MM 滤纸,将浸湿的滤纸覆盖到尼龙膜上,赶出气泡,压上纸巾、玻璃板、重物,使凝胶上的 RNA 发生毛细转移到尼龙膜上,转移过程需要 6~18 h,期间纸巾浸湿后应更换新的干燥纸巾。

(7)转移结束后,取下尼龙膜,将其浸入 6×SSC 缓冲液中 5 min,取出晾干,放置在两层滤纸的中间,在 80 ℃的真空炉中烘烤 0.5~2 h。烘干后的尼龙膜用塑料袋进行密封,4 ℃保在备用。

5. 预杂交

将尼龙膜的反面紧贴在杂交瓶上,加入 5 mL 预杂交液,42 ℃预杂交 3 h。

6. 杂交

将变性的探针先在 95~100 ℃变性 5 min,冰浴 5 min,然后加入杂交液中,42 ℃杂交 16 h。

7. 洗膜

去除杂交液,用 2×SSC+0.1% SDS 溶液洗涤尼龙膜,室温下 15 min,再用 0.2×SSC+0.1% SDS 溶液,55 ℃洗膜 15 min,洗 2 次。

8. 压片

将尼龙膜用双蒸水漂洗 1 次,用滤纸吸掉膜上的水分。用保鲜膜将尼龙膜包好,在暗室内将膜和 X 光片放在暗盒中,置于−70 ℃条件下放射自显影 2 日左右。

五、实验结果与报告

1. 预习作业

熟悉 Northern 杂交的操作步骤,并思考该步骤在 Northern 杂交中的影响和作用。

2. 结果分析与讨论

(1)附上 Northern 杂交检测图,并对检测结果进行描述和分析。

(2)根据实验结果,总结 Northern 杂交的关键步骤和注意事项,并结合自己的实验结果提出改进的办法。

六、思考题

1. RNA 分子杂交技术是利用核酸分子杂交而发展起来的一项技术,还有哪些技术利用了此原理?

2. Northern 杂交和 Southern 杂交有哪些异同?

实验二十二　绿色荧光蛋白基因真核表达载体的构建及其表达

一、实验目的

1. 掌握绿色荧光蛋白基因真核表达载体的构建的方法。
2. 了解绿色荧光蛋白基因真核表达载体在酿酒酵母中的表达过程。

二、实验原理

基因表达是遗传信息从 DNA 分子到蛋白质的过程,目前主要的蛋白表达系统有:大肠杆菌表达蛋白系统、酵母蛋白表达系统、昆虫蛋白表达系统和哺乳动物细胞蛋白表达系统。在很多情况下,我们需要一定量的具有功能的蛋白质,才能进行相关的分子生物学实验。鉴于真核基因的产物往往存在稀有密码子、二硫键和糖基化等特点,我们在实验中可以通过选择合适的蛋白表达载体和合适的宿主,来实现从遗传信息从 cDNA 到 mRNA 的转录,再到蛋白质的翻译。酵母作为一种单细胞的真核生物,它具有完整的真核亚细胞结构和相对严密的基因表达调控机制。因此,高等真核生物有功能的蛋白的表达,往往选择在酵母细胞中进行。

酵母表达系统常见的有:酿酒酵母表达系统和甲醇酵母表达系统。酿酒酵母蛋白表达系统使用的宿主酵母菌一般是营养缺陷型酵母,不同基因型的酵母对应不同的蛋白表达载体。在这个系统中表达载体主要有三种类型:自主复制型载体、整合型载体,以及酵母人工染色体。自主复制型质粒中包含有自主复制序列(ARS),只要给予一定的选择压力,其就可以独立于酵母染色体外而进行复制,在细胞中通常可复制产生 30 或更多个拷贝。整合型质粒中不含有 ARS,它必须整合到酵母的染色体上,随着染色体的复制而复制。整合的过程是高度特异的,但是拷贝数一般较低。酵母人工染色体则主要用于克隆大片段的 DNA。毕赤酵母是甲醇酵母表达系统中最主要使用的菌体,其可以在唯一能源和碳源为甲醇的培养基上生长,甲醇能够诱导其表达代谢甲醇所需的酶,如醇氧化酶 I(AOXI)、甲酸脱氢酶(FMD)和二羟丙酮合成酶(DHAS)等。甲醇诱导 AOXI 的表达量可达到酵母细胞中总蛋白质的 20%～30%,AOXI 的启动子具有很高的调控能力,可以用于外源基因表达的调控。该系统的表达载体包括自我复制型游离载体和整合型载体，前者不稳定，因此实验中一般会使用整合型载体。

既可以在酵母中进行复制，又可以在大肠杆菌中进行复制的酵母表达载体，称为穿梭载体。一般首先在大肠杆菌中构建含有目的基因的表达载体，然后将其转入到酵母中进行蛋白的表达。酵母表达载体通常以大肠杆菌的质粒为基本骨架，具有以下构件：

1. DNA 复制起始区：是一小段具有 DNA 复制起始功能的 DNA 序列，它来自酵母 2μ 质粒的复制起始区以及酵母基因组中的 ARS。DNA 复制起始区是酵母细胞核内 DNA 复制起始复合物的结合位点，赋予酵母表达载体在细胞每个分裂周期的 S 期进行一次自主复制的能力。

2. 启动子和终止子：表达载体都需要较强的启动子，例如酿酒酵母的 PGK1. PHO5. CUP1 等启动子，毕赤酵母的 AOXI 启动子。

3. 选择性标记：该标记与宿主酵母的基因型是相互配对的，用以筛选酵母转化子。常用的选择性标记有营养代谢途径中的 URA3. LEU2. TRP1 和 HIS3 等基因，分别对应了相应的营养缺陷型酵母。

4. 肠杆菌的 pBR322 质粒中的片段：主要是抗生素抗性基因和 ColE1 起始区的片段，它们是大肠杆菌宿主菌筛选和增殖所必需的。

5. 克隆位点：用于将目的基因插入载体中。

6. 分泌信号：有些载体上具有分泌信号，是用来将表达出的目的蛋白分泌到细胞外，便于后期分离纯化。常用的酵母分泌信号序列有 α 因子的前导肽序列、蔗糖酶和酸性磷酸酯酶的信号肽序列。

本实验是一个综合性的实验，以含有绿色荧光蛋白（green fluorescence protein，GFP）目的基因的供载体 pEGFP - N3 质粒为模板，首先通过 PCR 反应扩增得到 GFP 的编码序列，将 PCR 产物经电泳后胶回收纯化 GFP 片段，再将纯化后的片段直接插入到酵母表达质粒 pYES2. 1/V5-His-TOPO 中，进而获得酵母重组表达质粒。接下来，制备酵母感受态细胞，将重组表达质粒转化进去酿酒酵母中，并对重组子进行筛选，获得具有半乳糖诱导表达的重组酵母。使用诱导其表达的培养基培养重组酵母，利用玻璃珠法提取重组酵母细胞的总蛋白，通过 SDS-PAGE 电泳分析目的蛋白在酵母中的表达水平。

三、实验仪器、材料与主要试剂

1. 仪器

可调式移液器、PCR 扩增仪、紫外可见分光光度计、超净工作台、高速冷冻离心机、恒温振荡器、电子天平、电热恒温水浴锅、微波炉、pH 计、水平电泳槽、垂直电泳槽、电泳电源、凝胶图像分析系统、旋涡混合仪、恒温磁力搅拌器、多用脱色摇床、超低温冰箱等。

2. 材料

含有 GFP 的供载体 pEGFP-N3 质粒的 DH5α 菌株、酵母表达载体 pYES2.1/V5-His-TOPO、*E. coli* DH5α、*E. coli* TOP10F′、酿酒酵母 INVSc1 等。

3. 主要试剂

(1)主要试剂盒

质粒提取试剂盒、快速 DNA 连接试剂盒、DNA 凝胶回收试剂盒、酵母总蛋白提取试剂盒、pYES2.1 TOPO TA Expression Kit、*S. c.* EasyComp Transformation Kit、氨苄西林、PMSF、葡萄糖、半乳糖、限制性内切酶 *Pvu* Ⅱ、*Xba* I、各类氨基酸、YNB(yeast nitrogen base)、酵母氮碱、低分子质量蛋白质标准(14.4~94.0 kD)、酸洗玻璃珠等。

(2)培养基与常用溶液

① YPD 培养基(完全培养基)

酵母提取物	10 g
蛋白胨	20 g

溶于 900 mL 蒸馏水中,高温高压灭菌 20 min,冷却后,加入 100 mL 过滤除菌的 20%葡萄糖母液。

② YPDA 培养基

酵母提取物	10 g
蛋白胨	20 g
琼脂粉	20 g

加入 900 mL 蒸馏水中,高温高压灭菌 20 min 后,冷却到 60 ℃左右,加入 100 mL 过滤除菌的 20%葡萄糖母液,倒平板。

③ SC-U 筛选培养基(尿嘧啶营养缺陷型培养基)

酵母氮碱	6.7 g
省却混合物	1.15 g

溶于 900 mL 蒸馏水中,高温高压灭菌 20 min,冷却后,加入 100 mL 过滤除菌的 20%葡萄糖母液。配制固体培养基则需要添加 20 g 琼脂粉。

④ 诱导表达培养基

酵母氮碱	6.7 g
省却混合物	1.15 g

溶于 900 mL 蒸馏水中,高温高压灭菌 20 min,冷却至 60 ℃左右,加入 100 mL 过滤除菌的 20%半乳糖母液。

⑤ PMSF 储存液(100 mmol/L):精确称取 174 mg 的 PMSF,溶解于 10 mL 的无水异丙醇中,分装后于－20 ℃保存(PMSF 主要可以抑制丝氨酸蛋白激酶活性)。

⑥ 氨苄西林抗生素储存液(100mg/mL):精确称取 1 g 氨苄西林,溶解于 10 mL双蒸水中,过滤除菌,分装后储存于－20 ℃。

⑦ 20%半乳糖母液(10×):精确称取半乳糖 20 g,溶于 80 mL 双蒸水中,定容至 100 mL,过滤除菌,储存于 4 ℃。

⑧ 20%葡萄糖母液(10×):精确称取葡萄糖 200 g,溶于 800 mL 双蒸水中,定容至 1000 mL,过滤除菌,储存于 4 ℃下,可保存半年。

⑨ TENS 缓冲液(10 mmol/L NaCl,20 mmol/L Tris-HCl,1 mmol/L EDTA, 0.5% SDS(pH8.0):分别量取 0.2 mL 的 5 mol/L NaCl 溶液,2 mL 1 mol/L Tris-HCl(pH8.0)溶液,0.2 mL 0.5 mol/L EDTA,5 mL 10% SDS,加双蒸水定容至 100 mL,室温保存。

⑩ 裂解缓冲液:0.1 mol/L Tris-HCl(pH 7.5),0.2 mol/L NaCl,0.01 mol/L β-ME,20%甘油,5 mmol/L EDTA,1 mmol/L PMSF。

注意:PMSF 易降解,需在临用前加入。

四、实验步骤

1. 构建重组穿梭载体

(1)PCR 扩增 GFP 序列:哺乳动物细胞表达载体质粒 pEGFP-N3 中含有增强型绿色荧光蛋白(EGFP)基因。以该质粒为模板设计引物,通过 PCR 扩增得到 GFP 基因的编码序列。

正向引物:EGFP-F 5′-ATCGCCACCATGGTGAGC-3′
反向引物:EGFP-R 5′-TTACTTGTACAGCTCGTC-3′

PCR 扩增反应体系:在无菌的 PCR 管中配制 25 μL 如下反应体系:

反应物	体积
ddH$_2$O	17.3 μL
10×Taq 酶配套缓冲液	2.5 μL
25 mmol/L MgCl$_2$ 溶液	1.5 μL
4×dNTP 溶液	0.5 μL
10 μmol/L EGFP-F 溶液	1.0 μL
10 μmol/L EGFP-R 溶液	1.0 μL
pEGFP-N3 质粒	1.0 μL
Taq DNA 聚合酶	0.2 μL

PCR 扩增反应程序:

温度	时间	
94 ℃	4 min	
94 ℃	45 s	
56 ℃	30 s	30 个循环
72 ℃	1 min	
72 ℃	10 min	
4 ℃	∞	

PCR 扩增产物通过 1% 琼脂糖凝胶电泳后,将凝胶切胶回收,得到目的基因 EGFP 片段,−20 ℃保存或者直接用于下一步的连接反应。

(2)表达载体和目的基因片段连接:pYES2.1/V5-His-TOPO 质粒是酵母细胞的表达质粒,由于该质粒带有 TA 克隆位点,无需在 PCR 反应的产物中引入酶切位点,便于 PCR 产物的插入。

在洁净的 PCR 管中根据如下反应体系,依次加入下列组分:

反应物	体积
10×连接缓冲液	2 μL
ddH₂O	7 μL
GFP 编码序列	6 μL
pYES2.1/V5-His-TOPO 载体	4.0 μL
连接酶	1.0 μL
总体积	20 μL

将反应物轻轻混匀,室温下连接 2～3 h,−20 ℃保存备用或者直接用于随后的转化实验。

(3)大肠杆菌的转化及阳性克隆的筛选:将 EGFP 基因和 pYES2.1/V5-His-TOPO 载体连接的产物转入到大肠杆菌 TOP10F′感受态细胞中,转化后的细胞接种到含有 100 μg/mL 氨苄西林抗性的 LB 平板上培养过夜。挑取阳性菌落溶于蒸馏水中,用菌落 PCR 的方法对转化子进行验证筛选。

① 对转化子中是否含有插入有目的片段,以及插入片段的方向是否正确进行鉴定。设计验证 PCR 引物如下:

正向引物:EGFP-F-5′-ATGGTGAGCAAG-GGCGAGGAG-3′;

反向引物:V5C-term R-5′-ACCGAGGAGAGGGTTAGGGAT-3′

PCR 扩增体系:在无菌的 PCR 管中按如下 25 μL 体系配制反应液:

反应物	体积
ddH₂O	17.3 μL

10×Taq 酶配套缓冲液	2.5 μL
25 mmol/L MgCl$_2$ 溶液	1.5 μL
4×dNTP 溶液	0.5 μL
10 μmol/L GFP-F 溶液	1.0 μL
10 μmol/L V5C-term R 溶液	1.0 μL
转化子菌液	1.0 μL
Taq DNA 聚合酶	0.2 μL

② 用无菌牙签在转化板上随机挑取 20 个单菌落,分别溶于 30 μL 无菌双蒸水中,每个菌液分别取 1 μL 加入上述反应混合物中。

注意:挑取的菌落需要注意菌落的保种和编号。

③ 按如下的反应程序进行 PCR 扩增:

温度	时间	
94 ℃	10 min	
94 ℃	1 min	
56 ℃	1 min	30 个循环
72 ℃	1 min	
72 ℃	10 min	
4 ℃	∞	

④ PCR 扩增后产物利用 1‰琼脂糖凝胶电泳进行检测,根据是否在合适的大小处出现了特异性扩增的条带,判断样品是否为阳性克隆。

(4)鉴定重组表达载体:将初步鉴定为阳性克隆的大肠杆菌转化子,接种到 5 mL 含氨苄西林抗性的 LB 液体培养基中,培养过夜,使用质粒提取试剂盒抽提质粒,将得到的质粒分别进行 PCR 和酶切鉴定。

① 重组质粒的 PCR 反应鉴定(鉴定方法与上述的转化子 PCR 反应筛选相似)。

② 重组质粒的酶切鉴定。

按如下反应体系建立双酶切反应,对重组质粒进行酶切鉴定。

反应物	体积
10×Buffer K	1 μL
ddH$_2$O	13 μL
Pvu II (15 U/μL)	0.5 μL
*Xba*I(15 U/μL)	0.5 μL
质粒 DNA	5 μL

总体积 20 μL

轻弹管壁,使反应物混合均匀,37 ℃下温育 3 h。取 3 μL 酶切反应产物利用 1.0%琼脂糖凝胶电泳检测,如果样品在与预计相符合的大小处出现条带即为含有目标片段且插入方向正确的重组质粒。

注意:提取到的质粒 DNA 在确定其纯度和浓度后,必要时还需要进行浓缩和提纯,使得质粒 DNA 的浓度在 0.2 μg/μL 以上,这样可以保证酵母的转化率。

2. 核酸序列的测定(选做)

如果需要进一步验证构建的真核表达质粒结果是否正确,插入到质粒中的 EGFP 序列是否存在突变,可以选择将目的基因 DNA 送测序公司,对其进行核酸序列的测定。

3. 酵母的转化

(1)制备酵母感受态细胞:按照 S. c. EasyComp Transformation Kit 的使用说明进行操作:

① 在 YPDA 平板上划线培养酵母 INVSc1 菌株,挑取单菌落,接种于 10 mL 的 YPD 培养基中,在 30 ℃条件下,250 r/min 振荡培养过夜。

② 测定过夜培养物 OD_{600} 值,用无菌的 YPD 培养基稀释培养物,直至 $OD_{600}=0.2\sim0.4$,吸取 10 mL 稀释培养液。

③ 将稀释后的菌液继续在 30 ℃条件下振荡培养,直至 $OD_{600}=0.6\sim1.0$,大约 $3\sim6$ h。

④ 室温下 1 500 g 离心 5 min,弃上清收集菌体,将菌体重悬于 10 mL Solution Ⅰ 中。

⑤ 再次 1 500 g 离心 5 min,弃上清液,将菌体重悬于 1 mL Solution Ⅱ 中。

⑥ 将制备好的酵母感受态细胞进行分装,每管加 50 μL 感受态细胞,可直接进行转化或−80 ℃存放备用。

(2)重组载体转化进入酵母:

① 室温下融化酵母感受态细胞,加入 1 μg 的重组表达质粒,轻弹管壁混匀体系。

注意:加入的重组 DNA 溶液的体积不要超过感受态细胞体积的 1/10。

② 吸取 500 μL 的 Solution Ⅲ,加入 DNA/感受态细胞的混合物中,充分混匀。

③ 将混合物放置在 30 ℃条件下温育 1 h,期间每隔 15 min 摇动混匀一次,提高重组载体的转化效率。

④ 取 $25\sim100$ μL 温育后的菌液,涂布到尿嘧啶营养缺陷型(SC-U)培养基平板上,30 ℃条件下,倒置培养 48 h。

4. 筛选重组酵母转化子

（1）挑取转化后的酵母单菌落，接种于 2 mL 的 SC-U 选择培养基中，在 30 ℃条件下，振荡培养过夜。

（2）将 1.5 mL 过夜培养的酵母菌转移到洁净的 2 mL 离心管中，室温下12 000 g 高速离心 5 s，弃上清液收集菌体。

（3）向沉淀中加入 100 μL TENS 缓冲液，使其充分悬浮，再加入 100 μL（大约0.1 g）酸洗玻璃珠，在振荡器上使其充分振荡混匀。

（4）将上述细胞悬液经液氨速冻，再在沸水中速融，剧烈振荡 30 s，并反复此操作 5～8 次，使酵母细胞壁破裂。

（5）加入 TENS 溶液 200 μL，充分混匀，再向其中加入等体积的苯酚/氯仿/异戊醇（25∶24∶1），漩涡振荡器上剧烈振荡 2 min。

（6）4 ℃ 12 000 g 离心 10 min，吸上清液。

（7）向上清液中加入 0.1 倍体积的 3 mol/L NaAc(pH 5.2)，混合均匀。

（8）再向上述溶液中加入上清液 2 倍体积的预冷的无水乙醇，充分混匀后，4 ℃12 000 g 离心 10 min，弃上清。

（9）向沉淀中加入预冷的 70% 乙醇溶液，漂洗质粒 DNA 沉淀，4 ℃ 12 000 g 离心 1 min，弃上清液。

（10）待沉淀充分晾干后，加入 40 μL TE 溶解 DNA 分子。

（11）取 1～3 μL 提取的 DNA 分子作为模板，进行 PCR 扩增反应，使用与上述PCR 相同的参数进行扩增反应，得到反应产物利用 1% 琼脂糖凝胶进行电泳检测。

5. 重组质粒稳定性的检测

（1）将得到的重组酵母接种在含有尿嘧啶的完全培养基（YPD）中，每隔 48 h将培养物转接到新鲜的培养基中，同时保留少量未转接的样品。

（2）将各个时段保留的样品进行稀释，然后分别涂布在 YPDA 平板。

（3）待酵母菌落长出之后，随机地挑取同一个菌落，分别点种在 YPDA 非选择性平板和 SC-U 选择性平板中。

（4）在 30 ℃ 条件下，倒置培养 48 h，比较两个平板中菌落的生长状况。

6. 诱导重组酵母表达半乳糖

（1）挑取经过鉴定确定为阳性的重组酵母克隆，接种到 15 mL SC-U 选择性液体培养基中，在 30 ℃ 条件下，200 r/min 振荡培养过夜。

（2）测定过夜培养的酵母菌 OD_{600} 值，配制 $OD_{600}=0.4$ 的细胞稀释液 50 mL。计算公式为：

$$V = \frac{(0.4/\text{mL})(50\text{mL})}{x/\text{mL}}$$

式中,V——需要培养物的体积;

　　　x——过夜培养的培养物 OD_{600} 数值。

　　(3)根据上述公式取相应体积的过夜培养物,4 ℃ 1 500 g 离心 5 min,弃上清收集细胞。

　　(4)用 2 mL 以 2% 半乳糖为碳源的诱导表达培养基洗涤细胞两次,洗涤后再次吸取 2 mL 诱导表达培养基将菌体细胞充分重悬,然后加入 50 mL 诱导表达培养基中,载 30 ℃ 条件下,200 r/min 振荡培养,以诱导半乳糖表达。

　　(5)分别在培养了 0、4 h、8 h、12 h、16 h、24 h 等时间点吸取样品,测定各样品的 OD_{600} 值,同时分别吸取 5mL 的培养液。

　　(6)4 ℃ 1 500 g 离心 5 min,弃上清液收集菌体细胞,用 500 μL 预冷的无菌双蒸水重悬菌体细胞。

　　(7)4 ℃ 1 500 g 离心 5 min,弃上清液收集菌体细胞。

　　(8)将菌体沉淀立即置于液氮或者干冰中速冻,然后置于—80 ℃ 冰箱中保存备用。

7. 表达产物的分析

(1)使用 SDS-PAGE 电泳分析表达产物

① 上述收集的菌体或保存的重组酿酒酵母细胞,在冰上解冻,向每管酵母细胞中加入 200 μL 的裂解缓冲液,使细胞重悬。

② 等体积的酸洗微玻璃珠加入重悬物中,涡流振荡器上剧烈振荡 1 min,冰上放置 1 min,反复冻融,并剧烈振荡,重复此操作 5～8 次,直至大部分的酵母细胞裂解为止。

③ 4 ℃ 12 000 g 离心 10 min,小心地将上清液转移到另一新的无菌离心管中,并加入相同体积的双蒸水,充分振荡混匀,再向溶液中分别加入等体积的 2×SDS-PAGE 上样缓冲液,100 ℃ 金属浴煮沸 3～5 min,—20 ℃ 保存。

④ 取 5 μL 样品上样,进行 SDS-PAGE 电泳,条件问:5% 浓缩胶,15% 分离胶,恒压 160 V 60 min。

⑤ 电泳结束后,考马斯亮蓝对凝胶进行染色,再经脱色液脱色后,利用凝胶成像系统进行照相。

(2)Western blot 印迹分析鉴定蛋白(选做):用 EGFP 蛋白特异性的抗血清为免疫反应的一抗,碱性磷酸酶标记的羊抗兔 IgG 作为免疫反应的二抗,对重组酵母表达的蛋白进行 Western blot 分析鉴定。

五、实验结果与报告

1. 预习作业

了解目的基因真核表达载体构建的基本原理,并掌握在酵母中表达真核生物目的基因的具体操作步骤。

2. 结果分析与讨论

（1）附上相应的琼脂糖凝胶电泳和 SDS-PAGE 电泳检测图，并对检测结果进行描述和分析。

（2）根据实验结果，总结在酵母中表达目的蛋白的关键步骤和注意事项，并结合自己的实验结果提出改进的办法。

六、思考题

1. 绿色荧光蛋白基因真核表达载体构建的原理是什么？

2. 实现绿色荧光蛋白基因在酿酒酵母中高表达需要哪些顺式作用元件？

3. 从哪些方面可预防重组酵母出现假阳性结果？

实验二十三　绿色荧光蛋白(GFP)的基因突变及其在 *E. coli* 中的表达

一、实验目的

1. 了解利用 PCR 对绿色荧光蛋白基因进行点突变的原理和方法。
2. 掌握绿色荧光蛋白基因突变及原核表达的基本技术。

二、实验原理

荧光蛋白被广泛应用于分子生物学等研究中。通过基因操纵的常规手段,用荧光蛋白来标记其他的目标蛋白,这样就可以实现观察和跟踪目标蛋白随时间和空间的变化,提供了对蛋白质研究的时间和空间的分辨率,并且可以在活细胞内,甚至某些活体动物内观察到相应的目的蛋白。绿色荧光蛋白(green fluorescent protein,GFP)是分子生物学实验中使用的一种重要的荧光报告基因。通过 PCR 手段对 GFP 的基因进行点突变的方法有多种,包括重叠延伸法和大引物诱变法等。重叠延伸法又被称为重叠延伸 PCR 技术(gene splicing by overlap extension PCR,简称 SOE PCR),由于实验中采用了具有互补末端的引物,因此 PCR 的产物形成了重叠链,这样就使得在随后的扩增过程中通过对重叠链的延伸,将扩增得到的不同来源的片段进行重叠拼接。

本实验设计利用重叠延伸法将增强型绿色荧光蛋白(EGFP)基因突变为 EYFP 基因,并在大肠杆菌 BL21(DE3)菌株中诱导表达。本实验利用重叠延伸法将 EGFP 基因进行单一位点的突变,获得 EYFP 基因(T203Y 突变),然后将突变的基因重组到质粒 pET-28a(+)中,再转化进入 *E. coli* DH5α 中扩增质粒,最后转化进入 BL21(DE3)中,使用 IPTG 进行诱导表达。本实验使学生通过对实验设计的充分理解,掌握分子生物学基因突变的原理,了解 GFP 突变为 YFP 的全过程,并掌握基因突变的基本实验技术。

1. GFP 的突变位点

生物体中 GFP 是由 238 个氨基酸构成的一种单体蛋白质,相对分子质量大约为 27 000 Da,GFP 的荧光产生主要归功于分子内的第 65、66 和 67 位的丝氨酸、酪氨酸和甘氨酸形成的生色基团。所翻译出来的蛋白质经折叠环化之后,在氧气的存在下,GFP 分子中第 67 位甘氨酸的酰胺可以对第 65 位丝氨酸的羧基进行亲核攻击,进而形成了第 5 位碳原子的咪唑基,同时第 66 位的酪氨酸 α2β 键脱氢反应之后,芳香团和咪唑基结合。这样,GFP 分子中就形成了对羟基苯甲酸咪唑环酮的生色团,整个过程能够自动催化完成。GFP 的晶体结构显示,其蛋白质的中央是一个圆柱形水桶结构,宽 240 nm,长 420 nm,是由 11 个围绕着中心呈 α 螺旋的反平行 β 折叠构成。荧光基团的形成是从这个螺旋结构开始的,桶状结构的顶部是由 3 个短的垂直片段所覆盖,底部则是由 1 个短的垂直片段所覆盖,而对蛋白荧光活性很重要的生色团就是位于桶状空腔内的。实验表明,GFP 荧光产生的重要前提是保证桶状结构的完整性,去除其 N 端的 6 个氨基酸或者 C 端的 9 个氨基酸,GFP 都会失去荧光。

GFP 的第一个重要突变是 1995 年钱永健等人完成的单个点突变(S65T)。这个突变使得 GFP 的光谱性质得到了显著提升,荧光的强度和光的稳定性也大大增强。F64L 点突变则是改善了 GFP 在 37 ℃条件下的折叠能力,进而产生了增强型 GFP,也就是目前常见的 EGFP。GFP 的其他突变还包括颜色的突变。目前有蓝色荧光蛋白(EBFP,EBFP2,Azurite,mKalamal),青色荧光蛋白(ECFP,Cerulean,CyPet)以及黄色荧光蛋白(YFP,Citrine,Venus,Ypet)。蓝色荧光蛋白除mKalamal 以外,都包含了 Y66H 的替换。青色荧光蛋白则主要是包含了 Y66W 的替换。黄色荧光蛋白的衍生物主要是由 T203Y 的突变实现的。本实验拟突变的位点是 T(ACC)204Y(TAC),也可以称为 T(ACC)203Y(TAC),这就取决于在 YFP 翻译的时候第一个氨基酸(fMet)是否算在内。不管使用哪种说法,其在 DNA 序列水平上都是将基因的第 610 和 611 位的 AC 突变成 TA。

2. pEGFP-N3 质粒

DEGFP-N3 质粒编码了野生型 GFP 的红移(荧光波长较大)变异蛋白,所编码的蛋白具有更强的荧光,在 485 nm 的激发波长下比野生型的强 35 倍,并且在哺乳动物的细胞中具有更高效的表达水平。其激发峰为 488 nm,发射峰为 507 nm。

3. 重叠延伸法点突变

利用 PCR 技术进行点突变有多种不同的方法,如重叠延伸法和大引物诱变法等。考虑到实验的具体情况,本实验设计采用重叠延伸法对 EGFP 进行单一位点的突变。该技术能够实现在体外对基因进行有效的重组,并且不需要经过内切酶的消化和连接酶的处理。使用这一技术能够快速地获得一些利用限制性内切酶消化的方法而难以得到的基因片段。重叠延伸法的诱变技术主要通过 PCR 扩增在目的 DNA 序列中设计所需要的变化,这个方法成功的关键在于重叠互补的引物设计。此方法共需要 4 种引物的参与。首先利用引物对 1(正向诱变引物 FM 和反向引物 R2)和引物对 2(正向引物 F2 和反向诱变引物 RM)将模板 DNA 分别与之进行退火,利用 PCR1 反应和 PCR2 反应,扩增出两个靶基因片段。接下来,对 FMR2 和 RMF2 片段的重叠区进行退火,并由 DNA 聚合酶补平缺口,这就形成了全长的双链 DNA,再进行 PCR3 反应进行扩增。最后,再进行 PCR4 反应,利用引物 F2 和 R2 来扩增出带有突变位点的全长 DNA 片段。

4. 本实验中设计的引物

(1)引物 1 序列:

EGFPF(*Hind*Ⅲ):CCCAAGCTTCCATGGTGAGCAAGGGCGAG

(2)引物 2 序列:

EYFPMR:TCTTTGCTCAGGGCGGACTGGTAGCTCAGGTAGTGGTTG TCGG

(3)引物 3 序列:

EYFPMF:CCGACAACCACTACCTGAGCTACCAGTCCGCCCTGAGCAA AGA

(4)引物 4 序列:

EGFPR(*Xho*I):CCGCTCGAGTTACTTGTACAGCTCGTCCATGCC

三、实验仪器、材料与主要试剂

1. 仪器

微量移液器、PCR 仪、电泳仪、凝胶成像系统、恒温摇床、恒温培养箱、恒温水浴锅、台式离心机、冰箱等。

2. 材料

E. coli BL21(DE3)菌株、含有 pET-28a-c（＋）质粒的 DH5α 菌株和含有 pEGFP-N3 质粒的 DH5α 菌株。

3. 主要试剂

(1)质粒提取试剂:

溶液Ⅰ,溶液Ⅱ,溶液Ⅲ,酚-氯仿,70％乙醇,无水乙醇,RNaseA 水溶液。

(2)PCR 试剂:

① 4 个 PCR 反应引物:使用时稀释到 $20\ \mu mol/L$.

YFPMF:CCGACAACCACTACCTGAGCTACCAGTCCGCCCTGAGCAAA GA

YFPMR:TCTTTGCTCAGGGCGGACTGGTAGCTCAGGTAGTGGTTGT CGG

重叠延伸法的公用引物:

EGFPF(*Hind*Ⅲ)：CCCAAGCTTCCATGGTGAGCAAGGGCGAG

EGFPR(*Xho*I)：CCGCTCGAGTTACTTGTACAGCTCGTCCATGCC

② 2.5 mmol/L dNTP、10×PCR 缓冲液和 rTaq。

(3)琼脂糖凝胶电泳试剂：

① TBE 缓冲液(0.5×)：Tris 1.36 g,硼酸 0.69 g,EDTA-Na$_2$ 0.09 g,加 HCl 调节 pH 至 8.5,蒸馏水定容至 250 mL。

② DNA marker Ⅲ,荧光染料和琼脂糖。

(4)琼脂糖凝胶回收试剂盒：购自生工生物工程(上海)股份有限公司。

(5)DNA 重组试剂：*Bam*HI,Not I,10×K 缓冲液,BSA,10×T4DNA 连接酶缓冲液和 T4 DNA 连接酶。

(6)转化试剂：Kan 溶液(20 mg/mL),1 mmol/L IPTG,1 mol/L IPTG 和 0.1 mol/L CaCl$_2$ 溶液。

四、实验步骤

1. 分别从 DH5α 菌株中提取质粒 pEGFP-N3 和 pET-28a-c(＋)

(2)将含有 pEGFP-N3 质粒的 DH5α 菌液和含有 pET-28a-c(＋)质粒的 DH5α 菌液,分别取 100 μL 接种于 3 mL 含有 0.1％卡那霉素的 LB 液体培养基中,37 ℃ 条件下振荡培养过夜。

(2)将两种菌液分别转入离心管中,10 000 r/min 离心 2 min,弃上清,保留菌体。

(3)用 150 μL 的溶液 I 将菌体充分重悬。

(4)加入 200 μL 的溶液Ⅱ,轻轻地上下颠倒 5—8 次,冰浴 5 min。

(5)加入 150 μL 的溶液Ⅲ,轻轻地上下颠倒混匀,冰浴 15 min。

(6)13 000 r/min 离心 10 min,将上清液转移到另一个洁净的离心管中。

(7)向溶液中加入 500 μL 的酚-氯仿抽提液,振荡混匀,13 000 r/min 离心 2 min,将上清液转移到另一个洁净的离心管中。

(8)向溶液中加入 1 mL 无水乙醇,振荡混匀,冰浴 5 min,13 000 r/min 离心 10 min,弃上清。

(9)用 1 mL 70％乙醇洗涤沉淀,13 000 r/min 离心 2 min,弃上清。

(10)用 30 μL 含有 RNase 的双蒸水溶解沉淀,备用。

2. 通过 PCR 反应得到带有突变位点的 EGFP 基因

(1)PCR 反应体系如下：

ddH$_2$O	33 μL
10×Pfu 缓冲液	5 μL

4×dNTP 溶液	4 μL
EGFPF/YFPMF(20 umol/L)	2 μL
YFPMR/EGFPR(20 umol/L)	2 μL
PEGFP 质粒(或者菌液)	2 μL
Pfu 聚合酶	2 μL
总体积	50 μL

(2)按照以下程序进行 PCR 扩增:

	温度	时间	
预变性	94 ℃	5 min	
变性	94 ℃	30 s	
退火	55 ℃	30 s	25 个循环
延伸	72 ℃	45 s	
终延伸	72 ℃	10 min	
保存	4 ℃	∞	

(3)用 PCR 纯化试剂盒对 PCR 产物进行纯化,溶解于 30 μL 的双蒸水中,并通过琼脂糖凝胶电泳进行鉴定。

3. 通过 PCR 反应连接突变 EYFP 基因的 5′端片段和 3′端片段

(1)PCR2 反应体系如下:

ddH$_2$O	33 μL
10×Pfu 缓冲液	5 μL
4×dNTP 溶液	4 μL
PCR1 产物	2 μL
Pfu 聚合酶	2 μL
总体积	46 μL

(2)PCR2 反应先在没有加入引物的条件下,进行退火、延伸反应,使得 PCR1 产物的 5′端和 3′端连接形成全片段:

	温度	时间	
变性	94 ℃	30 s	
退火	55 ℃	30 s	10 个循环
延伸	72 ℃	45 s	

(3)上述反应完成后,向体系中加入 EGFPF/EGFPR 引物各 2 μL,继续进行延伸、扩增反应:

	温度	时间	
预变性	94 ℃	5 min	
变性	94 ℃	30 s	
退火	55 ℃	30 s	15 个循环
延伸	72 ℃	45 s	
终延伸	72 ℃	10 min	
保存	4 ℃	∞	

利用 PCR 纯化试剂盒将 PCR2 反应产物进行纯化,纯化后的 DNA 溶于 30 μL 无菌双蒸水中,并通过琼脂糖凝胶电泳进行鉴定。

4. 双酶切处理 pET28a-c(+)质粒和突变的 EYFP 基因的 PCR2 产物

(1)酶切反应体系如下:

10×Buffer M	2 μL
PCR2 产物或 pET28a-c(＋)质粒	18 μL
Hind Ⅲ	1 μL
XhoI	1 μL
总体积	20 μL

(2)在 37 ℃恒温箱中消化 4 h,利用凝胶电泳对酶切产物进行分离,再用 DNA 凝胶回收试剂盒对凝胶中的分子切胶回收,最后溶于 30 μL 无菌双蒸水中,备用。

5. 酶切后产物连接

(1)连接体系如下:

纯化的双酶切 PCR 产物	5 μL
纯化的双酶切 pET28a-c(＋)质粒	3 μL
10×T4 连接酶	1 μL
T4 连接酶	1 μL
总体积	10 μL

(2)按上述体系将个组分混合后,在 16 ℃的恒温箱中连接 2 h,连接反应的阴性对照设置为只含 pET-28a-c(＋)质粒,而不含插入片段的反应体系。

6. 连接后质粒转化进入 DH5 菌体中

(1)取 100 μL DH5α 感受态细胞,取 2 μL 的连接反应产物注入感受态细胞中,冰浴 30 min。

(2)将含有连接反应产物的感受态细胞置于 42 ℃恒温水浴锅中热激 90 s。

(3)迅速放于冰浴中 2 min。

(4)加入 800 μL 不含卡那霉素的 LB 液体培养基,37 ℃恒温摇床培养 1 h。

(5)取 200 μL 培养后的菌液,均匀涂布再含有卡那霉素的 LB 琼脂平板上, 37 ℃培养过夜。

7. **筛选转化的 *E. coli* DH5α 菌株**

(1)从平板上随机挑取 6 个单菌落,分别接种与 2 mL 含卡那霉素的 LB 液体培养基中,37 ℃恒温摇床培养过夜。

(2)按上述步骤(1)中提取质粒的方法,从菌液中提取重组质粒。

(3)用 *Hind*Ⅲ 和 *Xho*I 将质粒进行双酶切,并通过琼脂糖凝胶电泳检验,选择含有重组片段的质粒。

8. **重组质粒转化进入 *E. coli* BL21(DE3)菌株**

(1)取 BL21(DE3)菌株的感受态细胞,按步骤(6)的转化 DH5α 菌株的方法, 将重组质粒转化进入 BL21(DE3)菌株。

(2)将转化后的细菌均匀涂布再预先涂过 IPTG 的 LB 琼脂平板上,37 ℃培养过夜,根据荧光的结果,筛选出含有重组质粒的阳性克隆。

9. **重组蛋白的鉴定**

(1)取确定含有重组质粒的 BL21(DE3)单克隆,将其接种于 3 mL 含卡那霉素的 LB 液体培养基中,37 ℃恒温摇床培养过夜。

(2)将 50 μL 培养的菌液接种于 3 mL 含卡那霉素的 LB 液体培养基中,重复 3 组平行实验,37 ℃恒温摇床培养 2 h。

(3)箱培养液中加入 IPTG,使其终浓度为 1 mmol/L,继续摇床培养 0,2,4 h。

(4)收集菌液,离心沉淀菌体并弃掉上清液,在紫外灯下观察荧光。

五、实验结果与报告

1. 预习作业
了解基因突变原理,并掌握绿色荧光蛋白突变为黄色荧光蛋白的具体操作步骤。

2. 结果分析与讨论
(1)附上相应的琼脂糖凝胶电泳和荧光检测图,并对检测结果进行描述和分析。

(2)根据实验结果,总结构建基因突变的关键步骤和注意事项,并结合自己的实验结果提出改进的办法。

六、思考题

1. EGFP 增强型绿色荧光蛋白与 EBFP 增强型蓝色荧光蛋白的氨基酸序列的差别是什么?如何进行基因突变?

2. 基因突变有哪些方法?

实验二十四　染色质免疫共沉淀(ChIP)

一、实验目的

1. 掌握染色质免疫共沉淀的实验原理和基本方法。
2. 进一步了解转录调控的机制是如何发挥作用的。
3. 筛选与目的蛋白质相互作用的 DNA 分子,获得蛋白质与 DNA 相互作用的信息。

二、实验原理

　　研究蛋白质与 DNA 分子间的相互作用是基因表达调控研究中的重要组成部分,为了阐明生物体中基因表达调控网络的分子机制,就必须要明确蛋白质与核酸之间的相互作用。传统的研究 DNA 与蛋白质之间的相互作用的方法主要包括:凝胶阻滞实验,酵母单杂交系统和 DNaseI 足迹法等,这些方法虽然能够阐明 DNA 与蛋白质之间的相互作用,但不能充分的反应生理状态下 DNA 与蛋白质之间相互作用的真实情况。

　　染色质免疫共沉淀技术(chromatin immunoprecipitation,ChIP)是目前最理想且应用最广泛的一种在体内研究 DNA 与蛋白质相互作用的方法。ChIP 实验主要应用于染色质结构动力学、转录因子调控、辅助调节因子以及其他表观遗传变化的研究中,检测特定的基因调节蛋白在基因组中结合的具体位置或者基因调节区域和某些蛋白的修饰是否相关。ChIP 不仅可以检测到体内的反式作用因子与 DNA 的动态作用,还可以用来研究染色质中组蛋白的各种共价修饰与相关基因的表达之间的关系。目前,ChIP 实验已经成为研究真核细胞转录调控的重要手段。

　　ChIP 实验的原理是利用甲醛将生理状态下细胞内与 DNA 相结合的蛋白质,彼此交联在一起。甲醛是一种交联剂,其具有高分辨率且可逆的特性,因此在甲醛的作用下,可以使 DNA 碱基上的氨基或亚氨基和蛋白质上的 α 氨基以及赖氨酸、精氨酸、色氨酸、组氨酸的侧链氨基同另外的 DNA 和蛋白质上的氨基或亚氨基交联在一起。在甲醛的作用下,几分钟内细胞中可以形成生物复合体,这样就能将蛋白质与蛋白质,蛋白质与 DNA,或者蛋白质与 RNA 形成相互交联,从而有效地防止细胞内各组分重新分布,这样就可以真实的反映它们在细胞中最直接和真实的相互作用。此外,甲醛对细胞中游离的双链 DNA 没有作用,这样就可以避免 DNA 的损伤,同时可以通过加入甘氨酸随时终止交联反应。利用甲醛交联后的染色质表现出对限制酶和 DNase I 的高度抵抗特性,因此通常需要使用机械剪切力(如超声)来实现对染色质的随机打碎断裂。接下来,用针对目的蛋白(转录因子或者组蛋白)的特异性抗体进行反应,使得和目的蛋白质所结合的 DNA 分子也同时被沉淀下来。由于甲醛的交联作用具有可逆性,可以很容易地去除交联,从而实现将免疫沉淀的 DNA 分子从蛋白质复合物中分离出来,并进行纯化。染色质免疫共沉淀反应抓取的 DNA 分子的检测和分析方法有很多种。例如,目的蛋白的靶序列是已知的或者高度怀疑某个 DNA 序列就是目的蛋白的靶序列,那么可以采用实时定量 PCR 进行分析;如果目的蛋白的靶序列是未知的或者高通量的(如研究目的蛋白在基因组上的分布情况),可以通过 ChIP 克隆测序或者 DNA 芯片的方法,找出反式作用因子的结合位点。

ChIP 技术的基本步骤是用 1% 的甲醛处理处于适当生长时期的活细胞,使其进行交联,然后将细胞裂解;通过超声波破碎的方法将细胞中的染色体释放,并破碎成为合适大小的片段,然后利用针对所要研究的具体目的蛋白质的特异性抗体,使得目的蛋白连同交联的 DNA 复合物被沉淀下了,最后对特定的目的蛋白与靶 DNA 片段进行富集。通过低 pH 条件进行反交联,可以实现对目的片段的纯化,并对其进行检测,从而获得蛋白质与 DNA 之间的相互作用信息。

三、实验仪器、材料与主要试剂

1. 仪器

灭菌离心管、灭菌枪头、微量移液器、真空泵、水浴锅或恒温培养箱、台式离心机、超声波破碎仪、多用途旋转摇床、电泳仪、紫外成像仪等。

2. 材料

水培 10 天的小麦根系或者叶片(或根据实验目的选取水稻、小麦或者玉米的不同组织)。

3. 主要试剂

2 mol/L 甘氨酸溶液、蛋白 A 琼脂糖珠、H3K9 乙酰化抗体、蛋白酶 K、无水乙醇、苯酚:氯仿(1:1)等。

(1)1% 甲醛

配制 500 mL 的固定液,加入 37 mL 纯度为 $36.5\% \sim 38.5\%$ 的甲醛,然后定容到 500 mL。

（2）提取缓冲液 Ⅰ

试剂	母液浓度	用量
0.4 mol/L 蔗糖		27.366 g
10 mmol/L Tris-HCl(pH 8.0)	1 mol/L	2 mL
10 mmol/L MgCl₂	1 mol/L	2 mL
5 mmol/L β-巯基乙醇	14.3 mol/L	70 μL
100 mmol/L 苯甲基磺酰氟(PMSF)		2 mL
One cocktail tables/30 mL		6.5 片
ddH₂O		补至 200 mL

（2）提取缓冲液 Ⅱ

试剂	母液浓度	用量
0.25 mol/L 蔗糖		0.855 g
10 mmol/L Tris-HCl(pH 8.0)	1 mol/L	100 μL
10 mmol/L MgCl₂	1 mol/L	100 μL
1% Triton X-100		100 μL
5 mmol/L β-巯基乙醇	14.3 mol/L	3.5 μL
100 mmol/L PMSF		100 μL
One cocktail tables/30 mL		1/3 片
ddH₂O		补至 10 mL

（3）提取缓冲液 Ⅲ

试剂	母液浓度	用量
1.7 mol/L 蔗糖		5.8 g
10 mmol/L Tris-HCl(pH 8.0)	1 mol/L	100 μL
10 mmol/L MgCl₂	1 mol/L	20 μL
0.15% Triton X-100		15 μL
5 mmol/L β-巯基乙醇	14.3 mol/L	3.5 μL
100 mmol/L PMSF		100 μL
One cocktail tables/30 mL		1/3 片
ddH₂O		补至 10 mL

(5)细胞核裂解液

试剂	母液浓度	用量
10 mmol/L Tris-HCl(pH 8.0)	1 mol/L	1 mL
10 mmol/L EDTA(pH 8.0)	0.5 mol/L	2 mL
1% SDS	5%	20 mL
100 mmol/L PMSF		100 μL
One cocktail tables/30 mL		1/2 片
ddH$_2$O		补至 100 mL

(6)ChIP 稀释缓冲液

试剂	母液浓度	用量
16.7 mmol/L Tris-HCl(pH 8.0)	1 mol/L	1.67 mL
1.2 mmol/L EDTA(pH 8.0)	0.5 mol/L	240 μL
1.1% Triton X-100	5%	1.1 mL
167 mmol/L NaCl		3.34 mL
ddH$_2$O		补至 100 mL

(7)低盐漂洗液

试剂	母液浓度	用量
20 mmol/L Tris-HCl(pH 8.0)	1 mol/L	2 mL
2 mmol/L EDTA(pH 8.0)	0.5 mol/L	2 mL
0.1% SDS	5%	2 mL
1% Triton X-100		1 mL
150 mmol/L NaCl	5 mol/L	3 mL
ddH$_2$O		补至 100 mL

(8)高盐漂洗液

试剂	母液浓度	用量
20 mmol/L Tris-HCl(pH 8.0)	1 mol/L	2 mL
2 mmol/L EDTA(pH 8.0)	0.5 mol/L	400 μL

（续表）

试剂	母液浓度	用量
0.1% SDS	5%	1 mL
1% Triton X-100		1 mL
500 mmol/L NaCl	5 mol/L	10 mL
ddH₂O		补至 100 mL

（9）LiCl 漂洗缓冲液

试剂	母液浓度	用量
10 mm Tris-HCl(pH8.0)	1 M	1 mL
2.25 M LiCl	4 M	6.25 mL
NP-40		10 mL
1 mM EDTP(pH8.0)	0.5 M	2 mL
1% 脱胆酸钠(NDOC)	10%	10 mL
ddH₂O		补至 100 mL

（10）TE 缓冲液

试剂	母液浓度	用量
10 mmol/L Tris-HCl(pH 8.0)	1 mol/L	1 mL
1 mmol/L EDTA(pH 8.0)	1 mol/L	0.1 mL
ddH₂O		补至 100 mL

（11）洗脱缓冲液

试剂	母液浓度	用量
50 mmol/L Tris-HCl(pH 7.5)	1 mol/L	5 mL
10 mmol/L EDTA(pH 8.0)	1 mol/L	1 mL
ddH₂O		补至 100 mL

四、实验步骤

1. 甲醛处理交联细胞

（1）将水培 10 天的小麦根系或叶片剪下，分别放入 50 mL 离心管中，向每管中加入 1% 甲醛溶液 37 mL，使材料完全浸润在甲醛溶液中，真空抽滤处理 15 min，处理后的植物材料呈现透明状；再向每管中加入 2 mol/L 甘氨酸溶液 2.5 mL，真空抽滤处理 8 min。最后用双蒸水洗涤 2 次,用吸水纸除去组织上残留的水渍,放入液氮中冰冻处理后置于−80 ℃保存。

注意:①不同植物、不同组织的材料,由于其表皮毛数量和蜡质化程度不同,因此交联的效果也不同。如拟南芥或烟草的细胞较易破碎,而普通的六倍体小麦则比较难破碎。通常我们根据交联处理后材料表面的透光度来判断是否交联到合适的程度。②如交联处理的程度不够,后续使用抗体将不能拽到足够做 Chip-seq 的 DNA;而如果交联过度,则后续解交联容易使得 DNA 和蛋白不能充分分离,进而影响实验效果。

2. 超声断裂染色质

(1)在液氮的保护下,充分研磨上述样品,同时将提取缓冲液Ⅰ置于冰上预冷。

注意:①PMSF 在低温条件下极易结晶,在室温下也会降解,因此应在实验前放至室温条件下进行解冻,使用后应将其插在冰上或放回−20 ℃冰箱。②PMSF 有剧毒,若不慎接触到皮肤,应立即用大量清水进行冲洗。③提取缓冲液Ⅰ中含有蔗糖,易长菌,因此需要现用现配。

(2)将提前预冷的 30 mL 提取缓冲液Ⅰ加入 50 mL 离心管中,并将研磨充分的样品转移至离心管中,冰浴 20 min,期间不时晃动混匀,以确保样品能够充分的和提取缓冲液Ⅰ接触。

(3)用滤布将上述溶液过滤至新的无菌 50 mL 离心管中,4 ℃ 4 000 r/min 离心 20 min。

注意:滤液中含有的杂质会影响超声破碎 DNA 的效果,因此要求一定要过滤彻底,可以将样品进行重复过滤。

(4)离心后弃上清液,用 1 mL 事先预冷的提取缓冲液Ⅱ重悬沉淀,然后转移至新的 2 mL 离心管中。

(5)4 ℃ 13 000 r/min,离心 10 min。

(6)离心后弃上清,用 300 μL 预冷的提取缓冲液Ⅱ再次重悬沉淀。

(7)在新的 2 mL 离心管底部先加入预冷的 300 μL 提取缓冲液Ⅲ,将上述步骤(6)中的溶液缓慢地转移到提取缓冲液Ⅲ的上面。

注意:这步是利用了提取缓冲液Ⅱ和提取缓冲液Ⅲ中含有的不同蔗糖浓度,从而产生类似于"过滤"的效果,因此在操作中要温柔缓慢地将液体完全转移在提取缓冲液Ⅲ的上面,且不能有气泡。

(8)4 ℃ 13 000 r/min 离心 1 h。

(9)离心后弃上清,用 500 μL 预冷的核裂解液重悬沉淀(将其中的 20 μL 取出做对照)。

(10)将上述步骤(9)中的溶液用超声波破碎仪进行处理(amplitude 20%,

pulser/s,每处理 10 s 间隔 1 min),整个过程为了防止发热,必须在冰上进行,共处理 80 s。

(11)4 ℃ 13 000 r/min 离心 10 min。

(12)将上清液转移到一个新的 2 mL 离心管中,重复步骤(11),并取其中的 10 μL,与步骤(9)中取出的 20 μL 对照样品一起,利用 1%琼脂糖凝胶,通过电泳检测破碎的程度。

注意:不同植物或者不同组织的材料,其 DNA 破碎的速率也不同。应根据琼脂糖凝胶电泳的效果来调整破碎时间。较理想的状况为超声波破碎后片段大小分布在 200~2 000 bp,并且主要集中在 500 bp 左右。

3. 免疫沉淀蛋白和 DNA 复合物

(1)将上述的根系或叶片的样品每种各取 2 个 150 μL 放入 2 mL 离心管中,分别用 1 350 μL 预冷的 ChIP 稀释缓冲液将样品稀释处理。

(2)准备 40 μL 蛋白 A 琼脂糖微珠放入到 1.5 mL 离心管中,加入 1 mL 预冷的 ChIP 稀释缓冲液使其充分悬浮,4 ℃ 13 000 r/min 离心 30 s,弃上清,重复洗涤 3 次。

注意:蛋白 A 琼脂糖微珠十分黏稠,使用前要充分吹打混匀。并将黄枪头剪下一部分,这样更加容易吸取琼脂糖微珠。

(3)将上述步骤(1)的溶液与步骤(2)洗涤过的 40 μL 蛋白 A 琼脂糖微珠,在 2 mL 离心管中充分混匀,4 ℃ 旋转混合 1 h。

(4)4 ℃ 13 000 r/min 离心 30 s,使蛋白 A 琼脂糖微珠沉淀,吸取上清液,将相同的样品混合在 10 mL 离心管中。

(5)分别吸取根系或叶片样品各 60 μL 作为 input control,放置于−20 ℃冰箱内保存;分别取出 600 μL 样品加入到 1.5 mL 离心管中,并向每管中加入组蛋白 H3K9 乙酰化的抗体;另外再各取出 600 μL 样品加入到 1.5 mL 离心管中,其中不加入抗体,作为 mock 组,与加有抗体的样品一起,4 ℃ 旋转处理过夜。

注意:①input control 是实验中对照的一种,是指在细胞裂解物离心处理之后、加入抗体共沉淀之前,吸出来的各组细胞裂解液。该对照可以在后期杂交曝光时,显示出目的条带的位置,并用于比较不同泳道之间所用于沉淀反应的蛋白量是否相同。②ock 指的是空白对照,也就是没有加入抗体的阴性对照。③实验中抗体的使用量可以参照抗体生产商提供的说明书,若说明中没有给出用于 ChIP 实验的用量,则可以参考普通的免疫实验的比例进行稀释。

4. 收获免疫复合物

(1)准备 40 μL 蛋白 A 琼脂糖微珠放入 1.5 mL 离心管中,加入 1 mL 预冷的 ChIP 稀释缓冲液使其充分悬浮,4 ℃ 13 000 r/min 离心 30 s,弃上清,重复洗涤

3 次。

（2）向上述 4 ℃旋转处理过夜的溶液样品中分别加入 40 μL 洗涤过的蛋白 A 琼脂糖微珠,4 ℃旋转混合处理 3 h。

（3）将上述混合充分的溶液 4 ℃ 5 000 r/min 离心 30 s,弃上清液,收集微珠。

（4）向样品中分别加入低盐漂洗液 1 mL,洗涤微珠,4 ℃旋转洗涤 5 min。

（5）4 ℃ 5 000 r/min 离心 30 s,弃上清液,收集微珠。

（6）向样品中分别加入高盐漂洗液 1 mL,洗涤微珠,4 ℃旋转洗涤 5 min。4 ℃ 5 000 r/min 离心 30 s,弃上清液,收集微珠。

（7）向样品中分别加入 LiCl 漂洗液 1 mL,洗涤微珠,4 ℃旋转洗涤 5 min。4 ℃ 5 000 r/min 离心 30 s,弃上清液,收集微珠。

（8）向样品中分别加入 TE 缓冲液 1 mL,洗涤微珠,4 ℃旋转洗涤 5 min。4 ℃ 5 000 r/min 离心 30 s,弃上清液,收集微珠。

（9）重复上述步骤(8),收集微珠。

5. 洗脱免疫复合物

（1）向每份样品中分别加入预热的 250 μL 洗脱缓冲液,涡旋振荡混匀,65 ℃水浴 15 min,13 000 r/min,离心 30 s,将上清液小心地转移到新的 2 mL 离心管中。

（2）重复上述步骤(1),两次共获得大约 500 μL 体积的上清液。

（3）向 60 μL 预留的 input control 溶液中加入洗脱缓冲液 440 μL,使得 input control、mock,以及加有抗体的溶液体积均为 500 μL。

（4）向上述溶液中分别加入 20 μL 5 mol/L NaCl,65 ℃水浴孵育过夜。

6. DNA 的纯化

（1）孵育处理后的第二天,向每管中分别加入 10 μL 0.5 mol/L EDTA,20 μL 1 mol/L Tris-HCl(pH6.5),以及 10 μL 2 mg/mL 蛋白酶 K,45 ℃水浴孵育 3 h。

（2）再向上述溶液中各加入等体积的苯酚:氯仿(1∶1)500 μL,充分混匀,4 ℃ 13 000 r/min 离心 15 min,离心后将上清液转移到一个新的 2 mL 离心管中。

（3）分别向每管中加入 1/10 体积的 3 mol/L NaAc(pH5.2)和 3 倍体积的无水乙醇,同时再分别加入 4 μL 的糖原,于－20 ℃沉淀过夜。

（4）沉淀过夜处理的溶液经 4 ℃ 13 000 r/min 离心 15 min,弃上清,用 70％的乙醇溶液漂洗,离心后除去乙醇,晾干沉淀。用 50 μL 10 mmol/L Tris-HCl (pH7.5)溶解 DNA 分子,于－20 ℃储存,可以作为后续 PCR 实验的模板待用。

五、实验结果与报告

1. 预习作业

了解染色质免疫共沉淀的原理并熟悉实验步骤。

2. 结果分析与讨论

(1)附上超声破碎后的电泳检测图。如不符合超声要求,分析原因。

(2)将你认为重要的步骤指出,并详细记录过程及注意事项。

六、思考题

1. 如果超声破碎后的琼脂糖凝胶图中发现在 100 bp 以下存在一条明亮的条带,这个条带是 DNA 吗? 如果不是,那这个条带是什么? 如何去除?

2. 染色质免疫共沉淀实验最为关键的步骤是哪一步? 如果在实验结束后测序发现得到的是 DNA 片段在 500～1 000 bp 的大片段,那么除了可能超声时间不够,还可能是什么原因?

3. 实验最后通过乙醇沉淀的方式,离心后看到了很多白色沉淀。这些白色沉淀是不是都是用抗体拽下来的 DNA 呢? 它们是什么?

实验二十五 siRNA 技术沉默基因

一、实验目的

1. 掌握 siRNA 技术沉默基因的基本原理。
2. 掌握 siRNA 技术沉默基因的基本步骤。

二、实验原理

近年来的研究显示,将同 mRNA 所对应的正义 RNA 和反义 RNA 组成的双链 RNA(dsRNA)导入到细胞中,dsRNA 经酶切后将形成很多小的 RNA 片段,称为小分子干扰 RNA 片段(small interfering RNAs,siRNAs),可以特异性的降解目标 mRNA,从而导致目的基因沉默。这种转录后基因沉默机制(Post-transcriptional Gene Silencing, PTGS)被称为 RNA 干扰(RNA interference,RNAi)。生化和遗传学的研究表明,RNAi 包括起始和效应两个阶段。在 RNAi 的起始阶段,加入的 dsRNA 被切割为 21~23 bp 的 siRNA。Dicer 是 RNase Ⅲ 家族中,可以特异性识别 dsRNA 的一种酶,它以一种 ATP 依赖的方式逐步切割外源导入,转基因,或病毒感染等方式引入细胞的 dsRNA,将 RNA 切割为 19~21 bp 的 dsRNAs,每个片段的 3′端都有 2 个碱基突出。在 RNAi 的效应阶段,siRNA 双链与一个核酶复合物结合,从而形成了一个 RNA 诱导沉默复合物(RNA-induced Silencing Complex,RISC)。激活 RISC 需要一个将小分子 RNA 解双链的过程,这一过程是需要依赖于 ATP 的。而激活的 RISC 通过碱基互补配对的原则定位到同源的 mRNA 转录本上,在距离 siRNA 3′端 12 个碱基处切割 mRNA,使得目的基因沉默。

目前,较常用的 siRNA 制备方法包括:(1)化学合成法合成双链 siRNA;(2)体外转录法合成双链 siRNA;(3)体外转录合成长片段 dsRNAs,经 Dicer 或 RNase Ⅲ 酶切制备 siRNA Cocktail Pool;(4)通过 siRNA 表达载体或者病毒载体,PCR 制备的 siRNA 表达框在细胞中表达,从而产生 siRNA。

将合成的 siRNA 导入培养的细胞中,最常用的方法是脂质体介导的化学转染法和电击转染法。大多数细胞类型,包括绝大多数的贴壁细胞系,都可以用脂质体转染法将 siRNA 转染进入细胞。而某些细胞类型,例如新鲜分离的原代细胞,部分有限细胞系以及悬浮培养的细胞,则需要选择适当的缓冲液,利用电击转染法转染 siRNA。

siRNA 技术沉默基因的一般流程包括:根据目的基因序列设计合成 siRNA,构建"短发夹 RNA(short hairpin,shRNA)"表达载体,然后用脂质体转染进入细胞。表达载体在细胞内产生的 shRNA,经 Dicer 切割后得到的 siRNA 与其他相关元件形成 RISCS。RISCS 通过互补配对原则结合到相应的 mRNA 序列上,从而降解 mRNA,最终引起目的基因的沉默,导致对应的蛋白质水平下降。

三、实验仪器、材料与主要试剂

1. 仪器

微量加样器、离心机、超净工作台、PCR 仪、生化培养箱、摇床、细胞培养箱、水浴箱、高温高压灭菌锅、振荡混匀器、冰箱、电泳仪和电泳槽等。

2. 材料

设计合成的 RNAi、pUC18 质粒、JM109。

3. 主要试剂

BamH I、Hind Ⅲ、T4 连接酶、CaCl₂、LB 培养基、质粒抽提试剂盒、Lipofectamine 2000 转染试剂盒和 RT-PCR 试剂盒等。

四、实验步骤

1. siRNA 的设计和合成

(1)根据目的 DNA 按照实验要求设计特异性的 siRNA 三组和一组 mismatch siRNA,并通过 BLAST(局部序列比对检索工具)确定其特异性。

(2)根据设计的 siRNA,进一步设计合成 shRNA:将编码 siRNA 的 DNA 片段设计成发夹结构,包括:正义序列(19 nt)-中间环状结构(9 nt,TTCAAGACG)-反义序列(19 nt)-终止信号,发夹结构的两端还需要包含 BamH I 和 Hind Ⅲ 的酶切位点。按照基互补配对的原则根据上述序列设计出互补双链。

(3)将序列送往公司合成。

2. shRNA 表达载体的构建

(1)退火双链的制备

① 溶解合成的 RNAi:将合成的 RNAi 10 000 g 离心 1 min,分别用 50 μL 的双蒸水溶解。

② 退火:46 μL 退火缓冲液中加入正、反义链各 2 μL,在 PCR 仪上退火,条件如下:

温度	时间
95 ℃	5 min
70 ℃	10 min
30 ℃	30 min
4 ℃	保存

(2)线形质粒的制备

① 质粒提取并用限制性内切酶 BamH I 和 Hind Ⅲ 进行双酶切,从而产生线形质粒。

40 μL 双酶切反应体系按如下:

试剂	体积
ddH$_2$O	23 μL
质粒	10 μL
10×buffer	4 μL
BamHI	1.5 μL
HindⅢ	1.5 μL

37 ℃反应 2 h。

② 制备 1.2%琼脂糖凝胶,电泳分离 DNA,并回收凝胶中的线形质粒 DNA。

(3)连接

① 连接体系:取 4 μL 回收的线性质粒加入到离心管中,向其中加入 12 μL 退火双链,2 μL 的 T4 连接酶 buffer 和 2 μL 的 T4 连接酶,22 ℃温育 30 min。

② 65 ℃孵育 10 min,使连接酶灭活。

(4)用 CaCl$_2$ 法制备 JM109 感受态细胞。

① 挑取单菌落接种于 5 mL LB 培养基中,37 ℃摇床中振荡培养过夜(12~16 h)。

② 将 1 mL 过夜培养菌液转接到含 100 mL LB 培养基的三角烧瓶中,37 ℃摇床中振荡培养 2 h。

③ 取 50 mL 培养物加入 50 mL 离心管中,冰浴 15 min,4 ℃下 4 000 g 离心 10 min。

④ 弃上清液,加入事先预冷的 0.1 mol/L CaCl$_2$ 溶液 10 mL,轻柔的重悬菌体,冰浴 30 min,4 ℃下 4 000 g 离心 10 min。

⑤ 弃上清液,加入 4 mL 预冷的含 15%甘油的 0.1 mol/L CaCl$_2$ 溶液,轻柔的重悬菌体,冰浴 5 min。

⑥ 将上述制备好的感受态细胞分装,200 μL 每管,可直接用于转化或用在液氮中冷冻后于-80 ℃储存。

（5）转化

① 取制备好的感受态细胞，冰上融化，待完全融化后轻轻地将细胞均匀悬浮。

② 加入 20 μL 的连接产物（对照组中加入 20 μL 无菌水），轻弹管身以混匀溶液。

③ 冰上放置 30 min。

④ 42 ℃水浴中热激 90 s。

⑤ 热激后立即放于冰上 5～7 min。

⑥ 加 800 μL 不加抗生素的 LB 培养基（或 SOC 培养基），37 ℃，200 r/min，振荡培养 1 h。

⑦ 室温下 5 000 r/min 离心 1 min，吸去上清，加入 200 μL 新鲜培养基将细菌重悬。

⑧ 在无菌条件下，将细菌均匀涂布在含 Amp 抗性的 LB 平板上。

⑨ 室温下正向放置 1 h，待接种的液体被吸收后，将平皿倒置，37 ℃培养过夜。

（6）筛选与鉴定：培养 16 h 后，挑选平板上的阳性克隆，每个平皿随机挑选 3 个阳性克隆并分别扩大培养，每个阳性克隆取部分样品送公司测序，剩下的样品保种于－80 ℃冰箱。

3. 转染

将经确认后，构建成功的 shRNA 表达载体和对照的空载体分别转染进入真核细胞（具体操作参照 Lipofectamine 2000 转染试剂盒说明书）。

4. 利用 RT-PCR 和 Western blot 检测目的基因沉默效果

五、实验结果与报告

1. 预习作业

掌握 siRNA 技术沉默目的基因的实验原理和基本操作步骤。

2. 结果分析与讨论

（1）附上琼脂糖凝胶电泳检测图，并分析结果。

（2）附转化后 LB 平板生长情况图，并分析结果。

六、思考题

1. siRNA 技术沉默目的基因的分子机制是什么？

2. 在 siRNA 技术沉默目的基因的实验过程中，最关键的步骤是什么？为什么？